开家咖啡馆

咖啡师课堂

[日]堀口俊英◎著
吴巧雪　乌　豆◎译

机械工业出版社
CHINA MACHINE PRESS

照　　片：福田谕
设　　计：相原真理子
编辑制作：Baboon 株式会社（矢作美和茂木理佳）

图书在版编目（CIP）数据

咖啡师课堂 /（日）堀口俊英著 ; 吴巧雪, 乌豆译. 北京 : 机械工业出版社, 2025. 3. --（开家咖啡馆）.
ISBN 978-7-111-77392-4

Ⅰ. TS273

中国国家版本馆CIP数据核字第2025FJ0819号

机械工业出版社（北京市百万庄大街22号　邮政编码100037）
策划编辑：范琳娜　卢志林　　　责任编辑：范琳娜　卢志林
责任校对：蔡健伟　宋　安　　　责任印制：李　昂
天津市银博印刷集团有限公司印刷
2025年4月第1版第1次印刷
165mm × 220mm · 16印张 · 2插页 · 319千字
标准书号：ISBN 978-7-111-77392-4
定价：88.00元

电话服务
客服电话：010–88361066
010–88379833
010–68326294

网络服务
机　工　官　网：www. cmpbook. com
机　工　官　博：weibo. com/cmp1952
金　　书　　网：www. golden–book. com
机工教育服务网：www. cmpedu. com

封底无防伪标均为盗版

前言

本人自1990年起从事咖啡相关工作，至今已有30余载。咖啡作为一种嗜好性饮品，成分复杂、风味多样。因此，每个人对美味咖啡的味觉认知和感性认知也各有不同。

不过，近年来大众渐渐认识到这样一个事实：唯有使用品质上乘的咖啡豆才能制出美味的咖啡。咖啡豆的品质取决于栽培环境、品种、栽培方法、精制方法、筛分等，并且受从包装、运输到储存的流通环节影响。笔者认为——在熟练掌握咖啡相关知识的基础上，挑选优质的烘焙咖啡豆，将咖啡萃取到位，并对其作出客观评价——学会这些，将有助于大家更好地品味咖啡。

现在，将咖啡视为毕生事业的本人已退居二线，专注于咖啡品鉴，定期举办研讨会。2016年，我66岁，考上了东京农业大学环境共生学专业的博士研究生，并于2019年毕业。毕业后，我选择留在大学的食品环境科学研究室，和本科生、研究生们一起，继续开展“咖啡的感官评价与其理化指标数值、味觉检测值之间的相关性”研究。

如今，咖啡行业的环境正面临着剧烈的变化，包括但不限于气候变化造成的咖啡减产、坎尼弗拉种的增产、亚洲地区经济增长所带来的咖啡消费量增长、新品种的开发、厌氧发酵等精制法的探索、精品咖啡品质的分化等。相比传统的咖啡书籍，本书以全新视角呈现了咖啡方面的创新内容，因此对于初学者而言，有些部分可能比较难懂，但这也是为了顺应时代变化，希望读者能够予以理解。

我在书中尽力剖析了影响咖啡风味变化的因素，致力于帮助读者理解咖啡的本质风味，从而更好地品味咖啡。

2023年吉日

堀口俊英

本书使用指南

本书使用了各种咖啡相关的常用词语。在此对这些术语进行详细解释，望读者先行过目一番。

1 咖啡

“咖啡”一词应用广泛。书中将咖啡的果实称作“咖啡果（咖啡樱桃）”，将去除外皮和果肉的咖啡果称作“带壳（内果皮）豆”，将经脱壳处理的带壳豆称作“咖啡生豆”，将烘焙后的咖啡生豆称作“烘焙咖啡豆”。此外，有时也会将咖啡生豆和烘焙咖啡豆合称为“咖啡”或“咖啡豆”。

常用词语	含水量（%）	含义
咖啡		咖啡的统称
咖啡果（咖啡樱桃）	65	咖啡的果实
干燥咖啡果（干燥咖啡樱桃）	12	经日晒法精制后的咖啡果
带壳豆		外覆内果皮的咖啡种子
湿润带壳豆	55	干燥前的带壳豆
干燥带壳豆	11~12	干燥后的带壳豆
咖啡生豆	10~12	带壳豆脱壳后剩下的种子（被称作“豆”）
烘焙咖啡豆	2左右	烘焙后的咖啡生豆
咖啡粉	2	研磨烘焙咖啡豆形成的粉末
咖啡萃取液	98.6	通常用热水萃取咖啡粉后得到的液体

未熟的咖啡果

成熟的红色咖啡果

成熟的黄色咖啡果

略微过熟的咖啡果

咖啡果

干燥咖啡果

湿润带壳豆

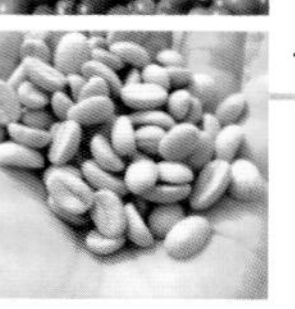
干燥带壳豆

咖啡生豆

2 样本（本书所使用的咖啡豆）

1 本书中所提及的样本，由以下几种咖啡生豆组成：①日本国内市场上流通的咖啡生豆；②咖啡原产地的庄园或出口商运送来的咖啡生豆；③从进口商处购入的咖啡生豆；④从各种网络拍卖渠道购得的咖啡生豆。其生产年份主要为 2019—2020 年、2020—2021 年和 2021—2022 年。样本中也包含一部分生产年份更早的咖啡生豆。

2 本书会在样本的生产履历中明确记录生产国、生产地区、品种及生产年份，但不会特意标记其抵达海关港口的日期、包装材质、集装箱、储存仓库、试饮日期等。此外，也省略了生产庄园、生产农户、农业合作社、水洗加工厂和进出口商的信息，请知悉。

此举的目的并非评判不同庄园咖啡豆的优劣，还请读者理解。

3 样本的烘焙

1 样本均以咖啡生豆状态购入。2019 年 4 月前由经验丰富的咖啡烘焙师使用富士皇家牌的容量为 1 千克的烘焙机和 Discovery 烘焙机（均为富士咖啡机械制造生产）烘焙加工。2019 年 4 月及以后使用松下制造的小型烘焙机烘焙加工。未标记烘焙度的一律为中度烘焙。

2 中度烘焙易于激发咖啡生豆的潜在特质，用这种烘焙度的咖啡豆冲泡出的咖啡酸度更明晰。本书严格按照国际精品咖啡协会（SCA）的烘焙色度分级系统标准，依照其出售的 SCA 色卡进行烘焙度比对判定。

当然，实际制作饮品时，应根据不同咖啡生豆的性质选择适宜的烘焙度。

4 感官评价方法

1 除特别注释外，本书所进行的均是基于 SCA 感官评价[一]体系的感官评价。以人类的五感作为检测工具，检测物品的特性和差异，属于分析型感官评价法，而非判断好恶的嗜好型感官评价法。为此，笔者选择专业的咖啡品鉴师团队来完成这项工作。

2 本书使用的样本多为流通于市面的、SCA 评分在 80 分（满分 100 分）以上的精品咖啡豆。此外，也选用了一部分评分在 79 分以下的商业咖啡豆作为样本，以与精品咖啡豆作比较。

咖啡豆之间存在个体差异，运抵海关港口后放置一段时间，其成分也会产生变化。这些因素均会影响感官评价的分数。因此，请不要以本书中的评分为标准，去评价同一生产国的其他咖啡豆的品质。本书旨在发掘咖啡的最佳风味，而非评判某款咖啡生豆的优劣。

3 本书的评分分为 3 类：①在笔者主办的品鉴研讨会上，由品鉴师团队所评出的平均分（用 n 指代品鉴师的人数，n=8 代表 8 人）；②互联网拍卖的咖啡的品评分数；③笔者的主观评分。

[一] SCA 感官评价通常被称作“杯测”，在本书中，作者用“感官评价”和“品鉴”来指代它。

4 参与品鉴研讨会的品鉴师们均符合以下条件：①拥有 3 年以上的精品咖啡饮用经验；②掌握咖啡的产地、精制法、品种等基础知识；③参与过 SCA 感官评价。

5 SCAA（美国精品咖啡协会）于 2017 年与 SCAE（欧洲精品咖啡协会）合并为 SCA（国际精品咖啡协会）。本书对 2017 年以前的相关内容，仍使用“SCAA”进行表述。

5 理化指标

本书也从理化指标方面对咖啡品质进行评价。

1 含水量

使用简易湿度计（Kett 咖啡湿度计 PM450）检测样本咖啡生豆的含水量。如果含水量低于 8%，其成分可能已发生变化；而含水量高于 13%，则有发霉的风险。

2 pH（酸碱值）

在比较烘焙咖啡豆的酸度及烘焙度时，pH 可作为参考。以咖啡萃取液为例，中度烘焙咖啡豆的萃取液 pH 为 5.0 左右，深度烘焙咖啡豆的萃取液 pH 在 5.6 左右，均为弱酸性。pH 越小，酸度越高。测定 pH 的环境温度为（25 ± 2）℃。

3 滴定酸度（总酸量）

使用氢氧化钠滴定咖啡萃取液至 pH 为 7.0 的中和状态，根据氢氧化钠的消耗量来测算滴定酸度。滴定酸度表示咖啡萃取液中的总酸量，数值越高，表示酸度可能越强，可反映出咖啡酸味的复杂性。

4 总脂量

使用氯仿甲醇混合溶剂提取咖啡生豆中的脂质，测量其含量。每 100 克咖啡生豆通常含有 15 克左右的脂质。即使经过烘焙，该数值也不会发生太大变化。脂质量决定了黏稠和顺滑的口感，因此会影响咖啡的醇厚度。

5 酸值

使用二乙醚提取咖啡生豆中的脂质，测算酸值。咖啡生豆的氧化（变质）状态能通过酸值体现出来。酸值越小，咖啡生豆的新鲜度越高。

6 蔗糖量、咖啡因量

使用高效液相色谱仪测定咖啡的蔗糖量和咖啡因量，这是一种高精度仪器，可用于分析样本中的多种溶液成分。

用于分析咖啡理化指标的仪器

7 白利度

折射仪可测量水果糖度，也能测量其他液体的浓度。该仪器利用了蔗糖溶液的折光率比水的折光率大的特性。但它仅能测量液体中的可溶性物质浓度。

8 味觉检测仪

使用智能传感器技术公司的味觉检测仪分析样本。利用味觉检测仪中的酸味传感器、苦味传感器和鲜味传感器，对样本咖啡进行味觉分析，并以分析图形式显示各样本的酸度、醇厚度、鲜味和苦味。该分析数据只能显示强度，并不能判断性质，有助于比较同一属性味觉的不同强度，但无法比较不同属性味觉的强度。

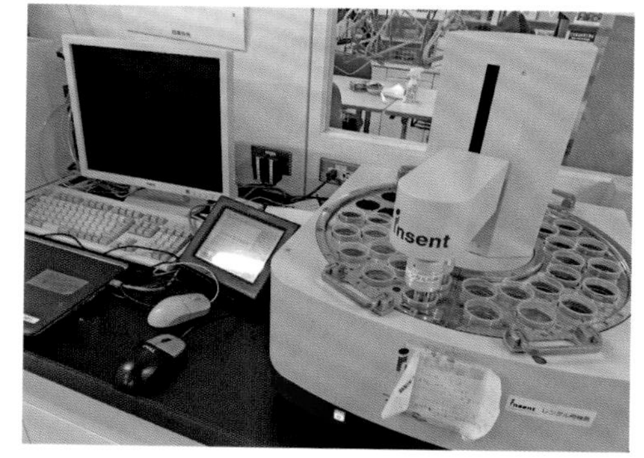

味觉检测仪

6 统计处理

1 在分析数值间存在差异的情况下，笔者会对部分数据实施差异显著性检验。如检验结果表明，精品咖啡与商业咖啡在脂质量上具备差异显著性，就表示两者的脂质量不同。差异显著性（统计学上的明显差异）用 $p<0.01$、$p<0.05$[㊀]表示。

2 通过回归分析，研究两个方面是否存在相关关系：①感官评价分数与味觉检测值之间；②感官评价分数与理化指标数值之间。用 r 表示相关系数。

一般来说，r=±（0.9~1.0）表示相关性极强，r=±（0.7~0.9）表示相关性较强，r=±（0.4~0.7）表示存在相关性。在本书中，存在相关性的判断标准为 r≥0.6。

如果感官评价分数与味觉检测值之间的相关性为 r=0.8，那么我们就可以通过味觉检测值来验证感官评价分数的客观准确性。

图片

本书使用的图片大多为笔者参观咖啡产区时拍摄的，包含一部分老照片。其余图片出自不同人之手，由作为合作伙伴、供应商的庄园和进出口商等提供。

㊀ $p<0.05$ 表示两组数据具备差异显著性的概率为 95% 以上。通常认为实验结果是可靠的。

目　录

第 2 部分 了解咖啡

第 1 部分 冲泡咖啡

在书籍和网络上，可以查到大量关于咖啡冲泡方法的信息。到底哪种方法才是正确的？这个问题并没有标准答案。归根结底，还是要根据萃取咖啡的风味和口感来判断。因此，最重要的是要练好基本功——学会挑选品质优良的烘焙咖啡豆和运用正确恰当的萃取方法。

1990 年，笔者开了一家小小的咖啡馆兼咖啡豆零售店，每天用锥形滤杯萃取 100 多杯咖啡。在右手患上腱鞘炎后，还练习了用左手冲泡咖啡。此段经历使笔者总结出了很多咖啡萃取的方法。

第 1 章　冲泡咖啡的基础知识

1　萃取器具的历史

咖啡豆经烘焙和研磨之后的工序就是萃取。在漫长的咖啡饮用历史中，萃取逐渐发展成了现在的操作方式，主要分为 3 种方法：①滴滤法；②浸泡法；③加压法。

咖啡萃取始于 17 世纪，当时土耳其使用的“Ibrik㊀”（土耳其称之为“Cezve”）和沙特阿拉伯使用的“Dallah㊁”，均为闷蒸类器具，萃取方式属于浸泡法。这种浸泡法在咖啡厅和家庭中流传开来，促进了土耳其、近东和中东的咖啡冲泡文化圈的形成。直到今天，这些地方的民众仍然在用这种方法萃取咖啡。

1800 年左右，法国人德 · 贝洛瓦发明了上下两段式的咖啡壶。以此为契机，逐渐形成了第二个咖啡萃取文化圈。

19 世纪，法国人和英国人探索研究“美味咖啡的萃取工艺”，在不断试验中，现代萃取器具的原型诞生了。进入 20 世纪，渗滤式咖啡壶、玻璃虹吸壶的原型——双玻璃球壶、法兰绒滤布的原型——倒置过滤的上下组合型小型咖啡壶，以及利用蒸汽压力萃取的浓缩咖啡机相继问世。此外，意大利的家用萃取器——摩卡壶和法压壶也得到了广泛应用，美乐家的咖啡滤杯应运而生。这些初期工具逐步发展成为现今各式各样的咖啡萃取器具。

㊀　Ibrik：土耳其咖啡壶；Cezve：铜壶——译者注。

㊁　Dallah：阿拉伯咖啡壶——译者注。

各式各样的萃取器具

土耳其咖啡壶

把深度烘焙的咖啡豆研磨成颗粒极细的咖啡粉（过去使用乳钵研磨），将咖啡粉和水加入壶中，煮至起沫后改小火，重复 3 次后，取上层清液饮用。

阿拉伯咖啡壶

向阿拉伯咖啡壶中加入咖啡粉和水，加热至沸腾，不经过滤直接饮用。冲泡时一般不加糖，有加入藏红花、肉桂和小豆蔻的饮用方式。

渗滤式咖啡壶

直接上火加热萃取。水蒸气在壶内循环，流经过滤器（咖啡粉放过滤器中），将咖啡粉中的成分萃取出来。可家用，更适合登山、野营等户外场景。

虹吸壶的原型

两个容器上下相连，连接处放置金属滤片，咖啡粉放金属滤片上，使用酒精灯加热下方容器中的水，使其受热膨胀进入上方容器，下方容器便成为真空状态。停止加热后，上方容器中的水回流至下方，萃取出咖啡。

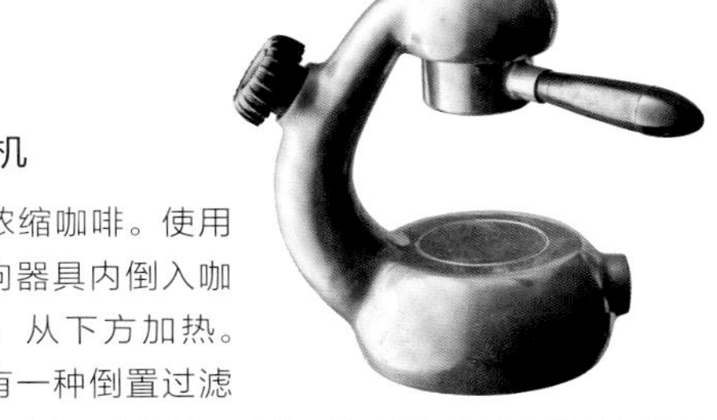

浓缩咖啡机

用于萃取浓缩咖啡。使用方法是：向器具内倒入咖啡粉和水，从下方加热。此外，还有一种倒置过滤的器具——小型咖啡壶。如今，直接上火加热的摩卡壶（意大利 Bialetti 牌）也得到了广泛应用，其原理是：热水在压力作用下通过喷管上升，流经咖啡粉，滤出咖啡。

2　了解咖啡萃取液的成分

咖啡萃取液中的营养成分（每 100 克）
能量 4 千卡
水分 98.6 克
蛋白质 0.2 克
碳水化合物 0.7 克

钠 1 毫克
钾 65 毫克
钙 2 毫克
镁 6 毫克
磷 7 毫克
锰 0.03 毫克
维生素 B_2 0.01 毫克
烟酸 0.8 毫克
生物素 1.7 毫克
总脂肪酸 0.02 毫克 ※

※ 总脂肪酸为估值。

咖啡萃取液中有 98.6% 是水分。溶质（每 100 克咖啡萃取液中所溶解的物质）仅占 1.4%，此外还有 0.25 克单宁酸、0.06 克咖啡因、微量有机酸（柠檬酸）、美拉德化合物（棕色色素）和绿原酸。这些微量成分混合在一起，形成了丰富的咖啡风味。

咖啡中的成分并不会被全部萃取出来，不可溶性膳食纤维和脂质（不溶于水，但可溶于有机溶剂）等物质会残留在萃取残渣（咖啡渣）中。因此，萃取后的咖啡渣可以二次利用㊀，例如：①晒干后用作除臭剂；②直接撒在庭院里，用于驱虫和防止杂草生长；③干燥的咖啡渣经发酵处理后，可作为肥料使用。

㊀ 咖啡渣含有大量脂质（含量约为 15%），具有作为生物燃料（Bio）的潜力，可用于应对全球变暖问题。日本已开展将咖啡渣压缩制成固体燃料（生物焦炭）的研究，正逐步投入实际使用。

3 咖啡萃取液与水的关系

水在咖啡萃取中发挥了至关重要的作用。在不同地区萃取同一种咖啡，风味会有些许差异，这种情况是由水的 pH 和矿物质含量的细微差别造成的。

使用不同种类的水萃取咖啡，并对其进行味觉检测后，得出如下图所示的结果。结果表明：使用纯水、软水和自来水萃取出的咖啡带有酸味，在醇厚度、鲜味、苦味、涩味和余韵等风味表现上具有一致性，均适用于咖啡萃取。而碱性温泉水和矿物质含量高的硬水萃取出的咖啡难以产生酸味，不利于咖啡风味的形成，因此并不适用于萃取。

水的硬度取决于其所含钙、镁等矿物质的含量。为了保证口感，日本将自来水的硬度标准值设定在 10~100 毫克 / 升。硬度低的水口感清爽，不带涩味，而硬度高的水则味道浓郁，带有涩味。

不同水萃取出的咖啡的风味差异

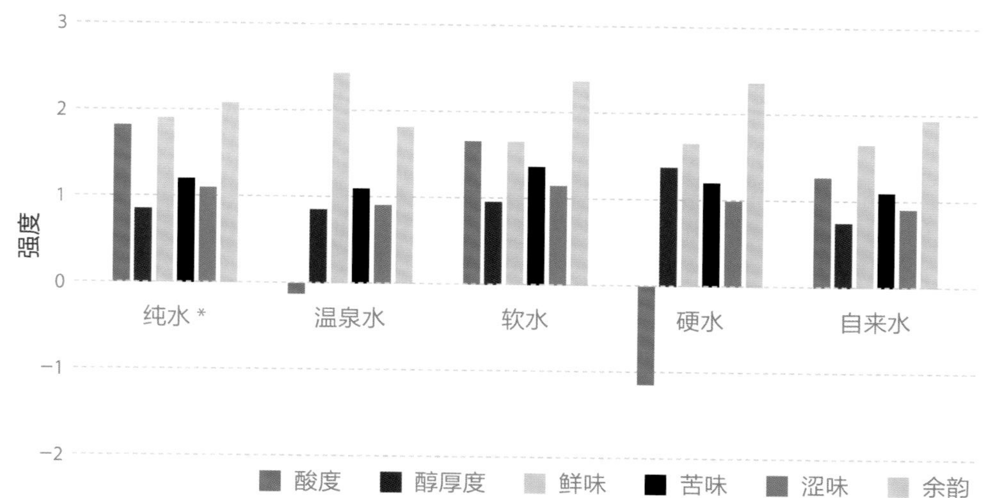

* 纯水是用大学研究室里的“Milli-Q”（超纯水制造设备）制成的。

温泉水为碱性水（pH9.9/ 硬度 1.7），软水为日本矿泉水（pH7.0/ 硬度 30），硬水为法国矿泉水（pH7.2/ 硬度 304），自来水（pH 约 7.0/ 平均硬度为 50~60）取自堀口咖啡研究所的水管。硬度单位为毫克 / 升。

4 滴滤法和浸泡法

滴滤法

使用咖啡滤纸、法兰绒滤布和金属滤片等工具萃取。

浸泡法

使用法压壶、虹吸壶等工具萃取。

滴滤法也称“过滤法”，现在主流的两种滴滤法是“滤纸滴滤法”和“法兰绒滤布滴滤法”。简单来说，滴滤就是以间歇性注入少量热水（或称为“闷煮”）的方式，溶解、渗出和过滤咖啡成分的萃取方法。日本的咖啡店、咖啡馆和一般家庭多采用这种方式冲泡咖啡。最常见的滴滤工具是咖啡滤纸，传统工具是法兰绒滤布。此外，不锈钢等金属滤片的使用率也呈上升趋势。

现今日本的咖啡馆或咖啡厅在使用滤纸萃取时，一次仅冲泡一杯咖啡的量。笔者于 1990 年创业开咖啡店时的主流做法是用法兰绒滤布一次性萃取大量咖啡㊀备用，经二次加热后，再提供给顾客饮用。当时流行的萃取工具是法兰绒滤布和咖啡机。

浸泡法通过将咖啡粉完全浸泡在热水中，来提取咖啡成分，其代表工具是法压壶和虹吸壶等。在 1980 年之前，许多日本咖啡店偏爱使用虹吸壶。

笔者刚入行时，法压壶还只是常见的红茶茶具。从 2000 年开始，它在日本逐渐应用于冲煮咖啡。

㊀ 将容量为半磅（约 227 克）或 1 磅（约 454 克）的法兰绒滤布挂在滤架上，倒入 200~250 克的咖啡粉，萃取出 3 升咖啡。现在，咖啡行业仍沿用当时的计量单位来交易咖啡豆，即按磅出售。

5 咖啡萃取的关键

咖啡萃取是将85~95℃的热水倒入咖啡粉中，通过浸泡等方法，使咖啡粉中的优质成分溶解并渗出，制成适宜饮用的咖啡的过程。美味的咖啡应具有和谐的风味表现，即各风味成分以适宜的比例溶解在咖啡中。这些风味成分包括有机酸产生的酸味、蔗糖产生的甜味、美拉德化合物等。

咖啡的风味受以下因素影响：①咖啡粉研磨度；②咖啡粉使用量；③热水温度；④萃取时长；⑤萃取量。即使在相同的萃取条件下，如果咖啡粉颗粒细、使用量大，热水温度高，萃取时间长、萃取量少，那么就会有更多成分溶解在水中，导致咖啡萃取液的浓度（Brix）㊀变高，最终形成浓郁醇厚的风味。

综上所述，萃取的关键就是要学会控制咖啡粉研磨度、咖啡粉使用量、热水温度、萃取时长及萃取量等参数，以调配出理想的咖啡风味。

咖啡粉使用量

制作一人份咖啡，至少需要15克咖啡粉，才能达到良好风味，萃取时长应控制在90~120秒，萃取量为120~150毫升。制作两人份咖啡则需使用25克咖啡粉，萃取120~150秒，萃取量为240~300毫升。

热水温度和萃取时长

萃取水温以85~95℃为宜。热水温度和萃取时长之间存在相关性，在水温95℃、萃取时长150秒，和水温85℃、萃取时长180秒两种条件下，萃取出的咖啡浓度是相近的。如果水温低于80℃，会导致萃取出的咖啡温度更低。因此水温最好在90℃以上。

咖啡粉研磨度

不论使用哪种烘焙度的咖啡豆，都应保证咖啡粉的颗粒大小统一，这样萃取出的咖啡风味会较为稳定。因此，研磨时最好选择研磨均匀的咖啡豆研磨机。咖啡粉越细，越利于其成分溶解，苦味也会明显加重。

㊀ Brix（白利度／浓度）是指每100克溶液中溶质的质量百分比。

比较不同条件下的萃取结果

萃取时改变咖啡粉使用量、萃取时长、咖啡粉研磨度和萃取量，测量不同条件下的咖啡浓度。使用烘焙度为法式烘焙（pH5.7）的咖啡豆来进行比较，比较的结果见下表。只要烘焙豆品质出色，按下表的条件萃取，就能冲泡出美味的咖啡。推荐大家尝试不同烘焙度的咖啡豆，根据喜好判断哪种浓度更适合自己。

不同的咖啡粉使用量、萃取时长、咖啡粉研磨度、萃取量条件下，咖啡浓度（白利度）的变化

萃取时长120秒 萃取量150毫升	白利度	咖啡粉15克 萃取量50毫升	白利度	咖啡粉15克 萃取时长120秒 萃取量150毫升	白利度	咖啡粉15克 萃取时长120秒	白利度
10克	1.00	90秒	1.25	细研磨	1.55	120毫升	1.65
15克	1.45	120秒	1.45	中度研磨	1.45	150毫升	1.45
20克	1.65	150秒	1.50	粗研磨	1.25	180毫升	1.10

使用 15 克中度研磨的咖啡粉，用时 120 秒，萃取 150 毫升，就可以得到口感均衡、风味出色的咖啡。

6　多样的滤杯

近年来，搭配咖啡滤纸使用的咖啡滤杯的种类变得丰富起来。其形状主要分为两种：梯形和锥形。梯形滤杯有底部开一个孔和三个孔的种类，两种均为可积水结构，既可用于滴滤法，也可用于浸泡法。此外，还有一种搭配蛋糕杯滤纸使用的平底滤杯。

滤杯内侧的凸起部分称为“肋骨”（导流槽），它的有无和长短会影响过滤速度。一些滤杯的“肋骨”为螺旋状走向设计，注入的热水会沿“肋骨”流经滤杯侧面，朝底部流去。

梯形和锥形滤杯的“肋骨”存在明显差异。从理论上讲，“肋骨”起到导流作用，其长度越长，热水朝下流动的速度就越快，而“肋骨”越短，则水流速度会越慢。不过，操作者可以相应地调整萃取速度（如改变热水量和萃取时长等），使“肋骨”长短所造成的风味差异最小化。

在使用咖啡滤纸萃取的情况下，操作者可以通过控制热水的浇注方式来调整咖啡风味，所以滤杯的形状并不会对咖啡风味产生太大的影响，咖啡的烘焙度和研磨度则不然。市面上有各种各样的滤杯，大家可以按自己的喜好挑选使用。

只要正确运用滴滤法，咖啡的成分大多会溶解在前 1/3 的萃取液中。而后，萃取液的颜色会越来越浅，溶解的成分也会越来越少。大家可以一边观察咖啡的颜色一边萃取。

梯形滤杯

锥形滤杯

平底滤杯

不同萃取阶段的风味差别

使用 25 克烘焙度为城市烘焙的咖啡粉，在萃取时将初段的 100 毫升、中段的 100 毫升和尾段的 100 毫升咖啡分离出来作对比，可见不同阶段的萃取液在颜色上存在差别。使用味觉检测仪分析可知，初段咖啡酸味强烈、质地醇厚、苦味明显。中段咖啡萃取出了初段咖啡一半以上的成分，而尾段咖啡中的可溶性成分已所剩无几。根据这个特性，有些咖啡师在操作时，会选择不萃取最后 1/3 的量，而是直接向其中添加热水。不过，优质的精品咖啡在萃取的最终阶段，并不会产生杂味。

不同萃取阶段的咖啡在风味上的差异

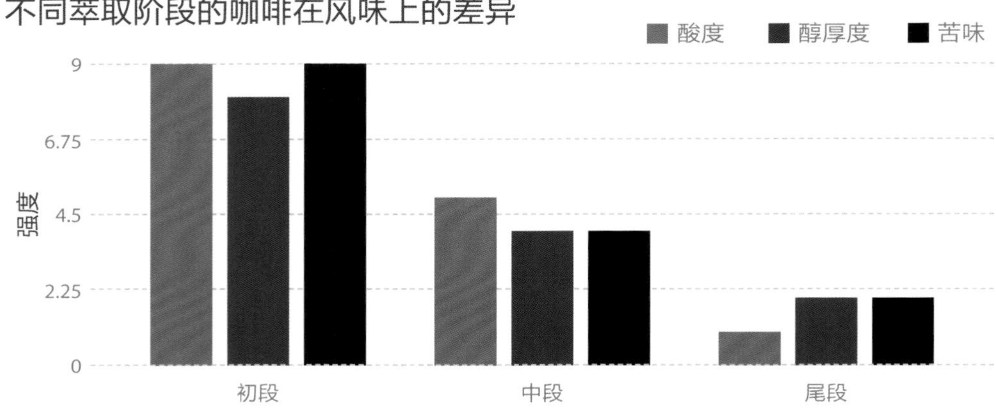

在萃取初期，会萃取出大量酸味、苦味和醇厚感的成分。

左起依次为：初段、中段和尾段。

7 使用商家推荐的方法冲泡咖啡

咖啡滤杯种类多样，冲泡方法也五花八门。何为标准？这个问题不能一概而论。只要最终能萃取出咖啡的优质成分，不产生极端的酸、苦、涩和杂味等，就算是成功的。想要冲泡出美味的咖啡，首先必须使用优质的烘焙咖啡豆。

咖啡生豆在烘焙后，会因蒸发作用失去水分，细胞结构收缩，进一步加热会使其内部膨胀，形成蜂窝状空洞（多孔结构，即蜂窝结构）。在此过程中，咖啡成分也会附着在液泡壁上，二氧化碳气体则被封闭在其中。

在冲泡过程中，热水会溶解附着在液泡壁上的咖啡成分，软化构成液泡的纤维质部分，进而溶解其成分。

冲泡咖啡时，请先参考滤杯制造商推荐的方法。只要烘焙咖啡豆品质过关，就能冲泡出美味的咖啡。

如果使用的是新鲜出炉的烘焙咖啡豆，又或者是深度烘焙、含水量较低的咖啡豆，那么在冲泡时，会先经历一个咖啡粉吸水膨胀的过程，因此需要花费更长时间等待热水浸透咖啡粉。

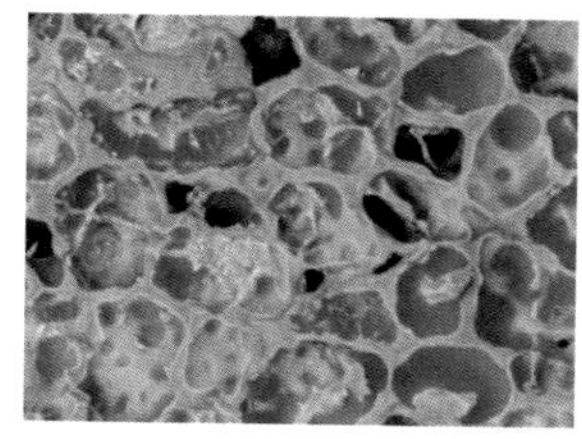

750 倍电子显微镜下咖啡豆的多孔结构。液泡中充满了二氧化碳气体，内含许多可溶性物质。

示例

商家推荐的咖啡冲泡法

Kalita 咖啡滤杯

首先往滤杯中缓缓注入 30 毫升的 92℃热水，然后闷蒸 30 秒。接着，从中心向外顺时针绕 3 圈浇注第二道热水。最后，按浇注第二道热水的方式注入第三和第四道热水。

Mellita 咖啡滤杯

滤杯内侧刻有“肋骨”，用于控制热水水流。先使用少量热水将咖啡粉闷蒸好，再倒入所需热水。萃取时根据口味调整咖啡粉的用量和热水的温度。

Hario 咖啡滤杯

注入 93℃的热水，闷蒸 30 秒后，在 3 分钟内完成萃取。标准用量为：咖啡粉 10~12 克，萃取 120 毫升。

8　本书推荐的冲泡法

本书推荐使用锥形滤杯进行手工萃取。热水温度以 90~95℃（初次接触咖啡粉时的温度）为宜。萃取前半段咖啡的单次注水量为 30 毫升。

进入萃取后半段时，将单次注水量增加到 50 毫升，在 180 秒内萃取出 300 毫升咖啡。在熟练掌握技巧前，可能控制不好萃取时长，但只要通过反复练习，就能在规定时间完成萃取。

推荐萃取方法　以制作一人份咖啡为目标进行练习，萃取参数为：15 克城市烘焙咖啡粉、萃取时长 120 秒、萃取量 150 毫升。记得使用计时器和测量仪来辅助练习。需要说明的是，一人份咖啡所需的咖啡粉用量较少，需要一定技巧才能萃取出稳定风味的咖啡。因此可以先从萃取难度低的两人份咖啡着手。制作两人份咖啡需要取 25 克中粗研磨度的城市烘焙咖啡粉，用时 180 秒，萃取 300 毫升咖啡。

1 ／把 25 克（2 人份）中度研磨的咖啡粉压平。

2 ／注入 30 毫升温度为 90~95℃的热水，浸透咖啡粉（刚开始练习时，请先确认 30 毫升的水量是多少）。

3 ／等待 20 秒，让咖啡粉中的成分自然渗出。

4 ／再注入 30 毫升（后半段改为 50 毫升）热水继续萃取，闷蒸 20 秒，重复此操作直到完成萃取。

9 堀口咖啡研究所的品鉴研讨会使用的冲泡法

萃取咖啡时要设定好咖啡粉使用量和萃取时长，测算适宜的萃取量，把控注水过程，熟练自如地萃取出理想的风味。

萃取能力包括：①把准时与量（能够找准时机适量注水）；②操作娴熟（萃取10次，咖啡风味不变）；③出品稳定（可保证制成的一人份咖啡和四人份咖啡风味一致）。如果能做到以上三点，就相当于达到了专业水平。

1／向滤杯中倒入25克中度研磨的城市烘焙咖啡粉，将其压平后间歇浇注10毫升热水。

▶这一步是让热水渗入咖啡粉、溶解其成分的过程。如果滤液持续流入下层杯中，则说明热水浇注过多。

2／第一滴浓厚的咖啡要等待20~30秒后才会滴下。

▶第一滴咖啡也叫"First Drip"，其滴落时长对咖啡风味有显著影响。

3／随后浇注30毫升热水，闷蒸20秒，再浇注30毫升热水，重复此过程共3次。

▶这一步是使溶解的咖啡成分逐渐渗出并过滤的过程。到这一步，共花费约90秒，萃取出了100毫升咖啡。

4／继续分次浇注热水并闷蒸，控制萃取量和萃取时长，最终实现在120秒内萃取240毫升咖啡。

▶这一步是为了将咖啡调整至适宜浓度。最初浇注的热水萃取出上层咖啡粉的成分，所形成的咖啡又继续浸透下层咖啡粉，如此持续萃取下去。

运用滴滤法制成的咖啡会因注水量和注水时机不同，而产生风味差异。要通过练习，找到操作手感，尽力使咖啡的风味稳定。

10 使用法兰绒滤布冲泡咖啡

使用法兰绒滤布萃取咖啡时，可采用与滤纸滴滤法相同的操作方式。冲泡时，从滤布侧面流出的热水相对较少，底部积聚的热水较多，故该方法更易制作出高浓度咖啡。

操作时，应保持滤布的绒面处于外侧。注入热水后，绒毛会竖起，使得热水更难从侧面流出，从而延长热水的滞留时间（但也有人认为绒面应该在内侧）。因此，如果想制作出醇厚浓郁的咖啡，应采用法兰绒滤布滴滤法。

法兰绒滤布的保养方法

一般做法是将滤布浸泡在水中保养，并定期更换清水，防止滤布变干。如果长时间不使用，也可将其装进密封袋，放入冰箱冷冻保存。

法兰绒滤布使用前，需用干毛巾包住，吸除其水分。滤布的含水量会影响其保水性能，含水量太高，会导致萃取液过早流下。

通常，滤布用久了，其绒毛会减少，造成保水性能降低，因此使用 40~50 次后就需要更换。法兰绒滤布的含水量、使用频率及咖啡粉的新鲜度（咖啡粉新鲜度越高，所含二氧化碳就越多，萃取时的膨胀程度也就越大）等因素均会影响咖啡风味，所以法兰绒滤布滴滤法比滤纸滴滤法更难保持咖啡风味稳定。

另外，法兰绒滤布在初次使用前，应先用开水烫煮 5 分钟左右，以去除其表面的黏滑成分。

萃取参数为法式烘焙咖啡粉 15 克，萃取时长 120 秒，萃取量 150 毫升。
如果要制作两人份，则需取 25 克咖啡粉，用时 180 秒，萃取出 300 毫升咖啡。

1／

由于滤布是浸水保存的，所以在使用前需要将其轻轻拧干。

2／

再用干毛巾包裹住滤布，轻轻拍打，促进滤布表面的水分被干毛巾吸收。

3／

往滤布中倒入 15 克中度研磨的咖啡粉，然后以从中心向外画圈（范围约为 1 元硬币大小，热水也会逐渐浸透圆圈以外的区域）的方式，浇注 90~95℃的热水 30 毫升，闷蒸 20 秒左右。

4／

再浇注 30 毫升热水，闷蒸 20 秒，重复此操作。

5／

最终用时 120 秒，萃取出 150 毫升咖啡。可以通过增加咖啡粉用量、减少注水量、延长萃取时长等方式来增加咖啡浓度，从而获得一杯更浓郁的咖啡。

滤布需长期浸水保养，避免干燥。

11 使用聪明杯冲泡咖啡

这款产自中国台湾省的聪明杯操作简单、出品稳定，对初学者十分友好。它是运用浸泡法的萃取工具，使用时无须掌握滴滤手法。

使用聪明杯的好处是：只要根据参数操作，就能萃取出风味稳定的咖啡。适用于家庭、咖啡厅等场合的多线作业场景。

此外，在做咖啡风味对比试验时，聪明杯也能派上用场，能帮助实验人员同时萃取大量样本。

先向聪明杯中倒入 15 克咖啡粉，然后注入 180 毫升热水，搅拌 3 次后，闷蒸 4 分钟，最终萃取出 150 毫升咖啡。

1 ／在聪明杯中装好滤纸后，倒入 15 克中度研磨的咖啡粉，一次性注入 180 毫升的 95℃热水。

2 ／如果咖啡粉新鲜度高、烘焙程度深，那么它遇热水就会明显膨胀，需在注入热水后再轻轻搅拌 3~4 次。

3 ／闷蒸 4 分钟后，将聪明杯放置在玻璃壶或咖啡杯上，咖啡就会自然流下。

12 使用法压壶冲泡咖啡

法压壶又名咖啡活塞壶或咖啡滤压壶，其操作方式为：向 350 毫升的容器中倒入 15 克咖啡粉，再注入 180 毫升热水。实际操作时，可根据个人口味调整咖啡粉用量、热水量和萃取时长。

咖啡豆经深度烘焙，表面会渗出少量油分。使用法压壶冲泡时，这种油分会被萃取到咖啡中，形成比滴滤咖啡更醇厚的口感（即黏稠、顺滑感），但同时也容易导致细粉混入，破坏口感。

此外，法压壶的过滤装置为金属滤片，它的孔隙比滤纸大，在操作过程中更难将细粉过滤掉，萃取出的咖啡会略显混浊。忽略细粉和油分问题，法压壶可以称得上是一种便利的萃取器具。

向法压壶中倒入 15 克咖啡粉，再注入 180 毫升热水，闷蒸 4 分钟，萃取出 150 毫升咖啡。

1／向 350 毫升的容器中倒入 15 克中粗研磨的咖啡粉。

2／注入 100 毫升的 90~95℃热水。新鲜度高、烘焙程度深的咖啡粉遇热水会膨胀，需用勺子搅拌 2~3 次，再注入余下的 80 毫升热水。

3／闷蒸 4 分钟后，将压杆缓缓向下按压，萃取出咖啡。

13 使用金属滤杯冲泡咖啡

如今，金属滤杯作为咖啡滤纸的替代品，得到了越来越多用户的青睐。金属滤杯形式多样，有不锈钢、镀金等材质，还可选择不同的滤网目数和层数（单层或双层等）。笔者也买了一个不锈钢滤杯，用以应对咖啡滤纸用完的情况。使用后发现，用金属滤杯萃取的咖啡和用普通滤杯萃取的咖啡，在风味和口感上存在细微差异。金属滤杯的萃取液呈现出细粉含量高、混浊感强的特征，这一点与法压壶相似。此外，使用烘焙度较高的咖啡豆时，其表面的油分也无法被金属滤网过滤掉，可能会导致咖啡表面漂浮少许油膜。金属滤杯使用方便，但如果不喜欢混浊感和油膜，那就不适合使用这个工具。

金属滤杯的保水性能通常比咖啡滤纸差，萃取液会迅速流到杯中，更适合在高温下快速萃取。金属滤杯的使用频率还会影响其萃取时长，如果滤网堵塞，后半段的热水就会难以流出，需要经常进行保养：用开水烫煮或用洗碗机清洗。

取 15 克咖啡粉，用时 120 秒，萃取 150 毫升咖啡。

1／向不锈钢滤杯中倒入 15 克中度研磨的咖啡粉。

2／注入 30 毫升的 95℃热水，闷蒸 20 秒，再注入 30 毫升热水，闷蒸 20 秒。

3／重复上一步操作，最终用 120 秒时间萃取出 150 毫升咖啡。

14　使用虹吸壶冲泡咖啡

在 1990 年以前，许多日式咖啡馆使用煤气炉加热虹吸壶冲煮咖啡。少数人在家中使用酒精灯加热萃取。1990 年后，滤纸滴滤法在咖啡馆普及开来，虹吸壶的使用率逐渐降低。

2007 年以来，在日本精品咖啡协会（SCAJ）举办的“日本虹吸咖啡师大赛”的推广宣传下，虹吸壶以专用卤素灯的研制开发为契机，又重新回到大众视野，在咖啡馆的使用频率呈现上升趋势。尽管如此，它在普通家庭的普及率仍然处于较低水平。

使用酒精灯加热虹吸壶

取 15 克咖啡粉，闷蒸 1 分钟，萃取出 150 毫升咖啡。

1／往下壶中注入 180 毫升热水，在上壶的底部铺设法兰绒滤布，并加入 15 克中度研磨的咖啡粉，然后把上壶插进下壶。

2／点燃酒精灯，热水就会被吸入上壶，搅拌咖啡粉数次后，闷蒸 1 分钟。

3／移走酒精灯，随着下壶的内压下降，咖啡萃取液便从上方滴落进下壶。

探索咖啡萃取液的浓度与风味的关系

采取不同方法萃取咖啡，并对萃取液进行浓度（白利度）测量和味觉检测。实验由本人亲自操作，所有的萃取样本均使用同一种城市烘焙咖啡豆（pH5.4），咖啡粉的用量为 15 克，萃取量为 150 毫升。在运用滴滤法（工具为锥形滤杯、梯形滤杯、不锈钢滤杯和法兰绒滤布）萃取时，尽可能运用相同的手法，保证萃取量和萃取时长一致。

结果表明，使用锥形滤杯和法兰绒滤布萃取出的咖啡浓度更高。鉴于实验中的注水操作对咖啡浓度所造成的影响，以下数据仅供参考。

7 种萃取液的浓度（白利度）比较

萃取器具	时间 / 秒	白利度	风味
锥形滤杯	120	1.45	酸度和醇厚度均衡
梯形滤杯	120	1.35	余韵略带酸味
不锈钢滤杯	120	1.15	略显混浊，风味独特
法兰绒滤布	120	1.45	略带酸味，风味饱满
聪明杯	240	1.25	有时会残留淡淡的纸味
法压壶	240	1.35	可见细粉，略显混浊，亦可萃取180秒
虹吸壶	90	1.30	如果萃取120秒，风味会更浓

不同萃取方法所造成的风味差异

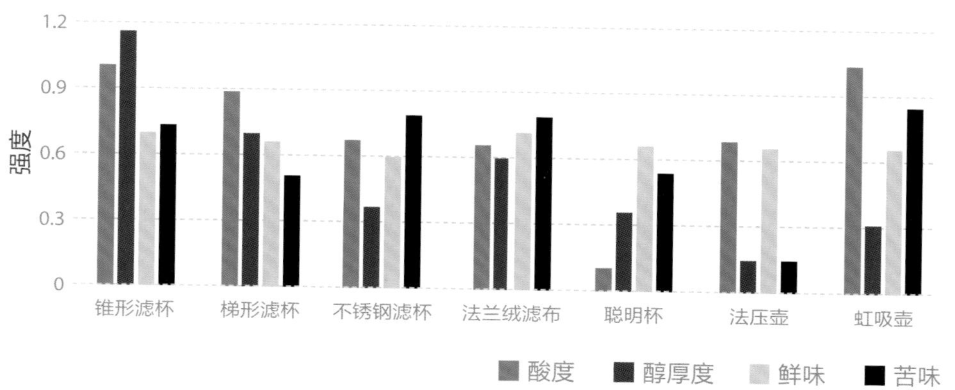

上图显示的是运用 7 种不同方法萃取出的咖啡（烘焙度：城市烘焙）的味觉检测结果。从图中可看出各样本间的风味差异。锥形滤杯和梯形滤杯的萃取液酸度突出；法兰绒滤布的萃取液各项风味均衡；聪明杯的萃取液酸度偏弱；不锈钢滤杯、法压壶和虹吸壶的萃取液醇厚度欠佳，只需对咖啡粉量和萃取时间进行微调，就可以使风味更均衡。

15 手冲咖啡与冰咖啡

在2010年左右，美国的部分咖啡店开始销售手工冲泡的咖啡，这种咖啡取名为“手冲咖啡（Pour Over）”（字面意思为倾倒，取“从上方注水”之意），现已在全球范围内推广，被列为咖啡师的基本技能之一。

冰咖啡深受日本消费者喜爱，已研究开发出各种萃取方法。约从2010年开始，受欧洲夏季气温升高影响，北欧的咖啡店也开始推出冰咖啡。如今，冰咖啡已成为包括美国在内的许多国家的大众饮品。

在日本，市面上有冰咖啡专用的苦味咖啡豆销售。当然，消费者也可以选择法式烘焙的拼配或单品（单一产地）咖啡豆制作冰咖啡。

冰咖啡的日式传统制作方法是速冷法：使用30克法式烘焙咖啡粉，用时150秒，萃取200毫升咖啡（2人份），每份取100毫升倒入装满冰块的杯中。

1／将100毫升热咖啡倒入装满冰块的玻璃杯中。咖啡粉的研磨度为中度研磨或中粗研磨，其颗粒越细，苦味就越重。

2／推荐使用法式烘焙咖啡粉制作冰咖啡。中度烘焙的冰咖啡酸度偏强，且不够清透。

16 制作冰欧蕾等牛奶咖啡的方法

制作冰欧蕾[一]时，应使用高浓度的咖啡萃取液，以确保咖啡的味道不会被牛奶所掩盖。操作过程为：取 30 克咖啡粉，用时 180 秒，萃取出 180 毫升咖啡（3 人份），放入冰箱冷藏。接下来，将 60 毫升咖啡倒入加了冰块的玻璃杯中，再倒入 60 毫升牛奶即可。

使用质量上佳的新鲜烘焙咖啡豆制作出的冰欧蕾，风味持久，直到第二天也几乎不会发生变质（酸化），还能保持清透感。21 世纪初，美国的树墩城等公司在冷萃咖啡中加入氮气，生产出如生啤般拥有绵密泡沫的咖啡——氮气咖啡[二]。也是从那时开始，冷萃咖啡变得越来越常见，发展至今，市面上还出现了很多玻璃瓶装、塑料瓶装的产品。

制作出风味浓郁饱满的冰咖啡基底（白利度为 3），冰欧蕾就接近成功了。再将冰咖啡与牛奶按 1∶1 的比例混合即可

绵密的泡沫带来顺滑的口感。制作氮气咖啡需要使用专用的氮气发泡器，虽然操作不够便捷，但制出的咖啡如奶油般细腻柔滑，是一种全新口味

㊀ 冰欧蕾是欧蕾咖啡的加冰版本，由咖啡加牛奶制成，而冰拿铁则由浓缩咖啡加牛奶制成（参见 53 页）。意式浓缩咖啡的白利度约为 10，风味浓郁，不易被奶味盖住。

㊁ 氮气咖啡也称“世涛咖啡（Stout：意为烈性啤酒）”，其口感顺滑、细腻绵密，这种咖啡凭借独特的风味，变得越来越受欢迎。

17　制作水滴咖啡

水滴咖啡别名为荷兰咖啡，制作水滴咖啡需要使用专用器具。在日本，只有部分咖啡店销售该产品。制作方式是使用颗粒较细的咖啡粉，像打点滴般缓慢地向其中滴入冷水，通常需要耗费 8 小时才能完成萃取。

商用水滴咖啡制作器具

近年来，水滴咖啡的制作门槛也变低了。首先，市面上出现了许多专门用于制作水滴咖啡的简易设备；其次，制作方法也简化了，将咖啡粉装入滤袋并浸泡在冷水中，就能轻松搞定。此方法有一个专门的名字，叫“冷萃”，通常按照 10 克咖啡粉配 100 毫升冷水的比例萃取。水滴咖啡虽然苦味淡了，但香气也相应地减弱了。

简易水滴咖啡制作器具，只要加入咖啡粉和冷水，就可以轻松地制出冷萃咖啡

18　挑选萃取专用的咖啡壶

拥有一把萃取专用咖啡壶，制作咖啡就会轻松许多。好的手冲咖啡壶可以帮助使用者把控正确的注水方向和注水量。

使用燃气烧水壶或电热水壶烧水，待水沸腾后将其倒入手冲咖啡壶中，此时水温变成了 96℃左右。热水在刚接触到咖啡粉时，温度为 93~95℃。随后，其温度将持续缓慢下降。为了便于操作，手冲咖啡壶不宜太重，建议容量在 0.7~1 升。

笔者自创业以来，一直在咖啡馆工作，拥有 15 年的咖啡萃取经验，对咖啡壶的选择自然是有些讲究。最常使用的两款咖啡壶分别是 Yukiwa 牌的鹤嘴咖啡壶和 Kalita 牌的黄铜咖啡壶。前者壶嘴呈弯曲状，支持点滴式注水。

手冲咖啡壶

电热水壶

19 选择咖啡豆研磨机

笔者建议大家尽量购买咖啡豆自行研磨。可能有些人觉得研磨很麻烦，但这样做的好处是——研磨咖啡时的香气舒适解压，令人心情愉悦。

研磨度是最影响咖啡风味的因素，最好选择出粉均匀的研磨机。因此，具有调档功能、可调节研磨度的电动咖啡豆研磨机是最理想的选择。

如果想使用手动咖啡豆研磨机，也要选用出粉均匀的产品。

刀片式筒形电动咖啡豆研磨机的价格相对便宜。其研磨原理是通过旋转刀片粉碎咖啡豆，缺点是出粉不均匀。在使用过程中需手动计时，中途记得要摇匀一次。

有的研究所使用的是价格比较实惠的德龙牌 KG366J 电动咖啡豆研磨机。这是一款意大利产品，可调节档位，覆盖从极细研磨到中度研磨的研磨度范围，同时适用于家用浓缩咖啡机和滴滤。

堀口咖啡研究所使用的是富士皇家牌 R-440 商用咖啡豆研磨机，同时搭配同一品牌的小富士 R-220 和 Kalita 牌的 Nicecut 咖啡豆研磨机，这两款都是家用咖啡豆研磨机中的佼佼者，也适用于小型咖啡馆和咖啡厅。

市面上也有多种手动咖啡豆研磨机可供选择。一台性能良好的手动咖啡豆研磨机可以在 45 秒内磨出 15 克的一人份咖啡粉，在 75 秒内磨出 25 克的两人份咖啡粉。

各式手动咖啡豆研磨机。性能越好，研磨越省力

左起依次为德龙牌 KG366J、Kalita 牌 Nicecut、富士皇家牌 R-440、Hariov60 小型电动咖啡豆研磨机

20　咖啡粉的研磨度

咖啡粉的颗粒大小通常称作研磨度或颗粒度。

研磨度主要分为 5 种：极细研磨、细研磨、中研磨、中粗研磨和粗研磨。咖啡粉颗粒越细，其成分就越容易被萃取，从而形成高浓度、苦味重的风味。相反，颗粒越粗，咖啡成分就越难被萃取，制成的咖啡浓度低、苦味淡、酸味重。不同烘焙度的咖啡豆，适宜的研磨度也略有不同，初学者应从固定搭配开始练习，熟练之后再尝试微调。

堀口咖啡研究所使用的咖啡粉研磨度标准为：一半以上的咖啡粉能通过 1 毫米筛孔的筛网即为达标。另外，笔者在大学里做分析时用的是 40 目筛网，需要把咖啡粉磨得更细，十分耗费工夫。

图片所示为中研磨的咖啡粉。不同生产商和咖啡店销售的同一研磨度咖啡粉，实际存在很大差异。在家制作时，尽量每次都研磨成相同的颗粒大小，以保持风味稳定。

极细研磨

颗粒最细，呈粉末状，需使用专用的咖啡豆研磨机才能达到这种研磨度。
适用于制作浓缩咖啡和土耳其咖啡，萃取出的咖啡风味非常浓郁，并带有明显的苦味。

细研磨

颗粒大小接近细砂糖。细研磨咖啡粉与热水接触时，表面积变大，促使咖啡成分快速溶解。因此，萃取出的咖啡酸味较少，口感浓厚，苦味强烈。
适用于制作水滴咖啡和浓缩咖啡（使用直火式浓缩咖啡机，如摩卡壶）。

中研磨

颗粒大小介于细砂糖和粗砂糖之间，冲泡出的咖啡苦味和酸度均衡，是最常用的咖啡粉研磨度。
适用于多种萃取方法和萃取器具（咖啡机、虹吸壶、法兰绒滤布和咖啡滤纸等）。

中粗研磨

颗粒较粗，适合长时间萃取。可用于浸泡法，萃取出的咖啡风味清爽。粗研磨的咖啡苦味较少，酸味较为突出。选用咖啡滤纸或法兰绒滤布，滴滤萃取深度烘焙的中粗研磨咖啡粉，就能得到口感柔滑、苦味适中的咖啡。
适用于法压壶、渗滤式咖啡壶和大容量咖啡机。

粗研磨

使用法兰绒滤布萃取 250 克或 500 克咖啡粉时，可以选择这种研磨度的咖啡粉。在咖啡粉量较多的情况下，如果颗粒较小，容易造成滤布孔隙堵塞，热水难以过滤，而且萃取出的咖啡苦味非常重。

第 2 章　冲泡浓缩咖啡

1　品味浓缩咖啡

笔者的咖啡店于 1990 年开业，那时的日本很少有销售浓缩咖啡的咖啡店或咖啡馆。为了向意大利餐厅供货，笔者特意购买了一台奥斯托利亚牌的浓缩咖啡机。无奈的是，当时日本的整个咖啡行业对“浓缩咖啡”这一概念还极为陌生，笔者只好多次前往意大利调研学习。

来自丹麦咖啡店的咖啡

最终，笔者所得出的结论是：利用机器快速萃取才是浓缩咖啡的精髓所在，与咖啡豆的种类和烘焙度无关。这是在一天内快速萃取 500 杯咖啡的最佳方法。

来自日本咖啡店的咖啡

在当时的意大利，浓缩咖啡的常见做法是拼配阿拉比卡豆和坎尼弗拉豆。笔者在反复尝试后，最终选择使用单品阿拉比卡豆制作浓缩咖啡。日本与意大利的水质不同，日本的水是软水，如果咖啡豆烘焙较浅，萃取咖啡就会呈现强烈的酸味，所以当时将烘焙度设定为法式烘焙。笔者还走访了很多意大利餐厅和法国餐厅，借用他们店内的机器，按照店主的口味调配出了多种拼配咖啡。

经过不断的努力，笔者最终发现，只要使用新鲜、优质的烘焙咖啡豆，就能萃取出美味的浓缩咖啡。

2 浓缩咖啡就是高浓度咖啡

在日本，咖啡馆通常使用传统的滴滤法萃取咖啡，形成了独有的咖啡萃取文化。可是，纵观全世界的咖啡消费国和生产国，它们的咖啡厅和咖啡店流行使用浓缩咖啡机。这种现象可以归因于几个方面：首先是意大利咖啡吧和意大利餐厅的影响——在意大利，民众通常会在餐后饮用浓缩咖啡；其次是星巴克等发源于西雅图的咖啡连锁店的扩张㊀；最后是自 2000 年以来举办的咖啡师大赛的影响㊁。

浓缩咖啡不是苦咖啡，而是高浓度咖啡。意式浓缩咖啡的基本萃取参数是：7 克咖啡粉，用时 30 秒，萃取 30 毫升咖啡（萃取速度为 1 毫升 / 秒）。萃取过程中，机器会对咖啡粉施加 9 个大气压的压力，使得咖啡中的可溶性成分大量渗出，形成白利度高达 10 的高浓度咖啡。该浓度远高于滴滤或滤压咖啡的一般浓度（白利度为 1.5）。萃取结束时，浓缩咖啡温度在 70℃左右。由于萃取速度较快，浓缩咖啡中的有机酸和咖啡因含量会偏少。

德龙牌咖啡机

随着浓缩咖啡机性能的不断改进和消费者对风味提升的需求增长，制作 1 杯浓缩咖啡的咖啡粉量也变多了。

㊀ 在 2000 年，塔利咖啡、西雅图最佳咖啡与星巴克咖啡是公认的西雅图 3 大咖啡公司。

㊁ 日本地区的咖啡师大赛是由日本精品咖啡协会（SCAJ）举办，比赛要求参赛者在规定时间内制作出 3 种咖啡饮品。首先是“浓缩咖啡”，然后是“牛奶咖啡”，最后是被称为“创意咖啡”的原创作品。除了最终的味觉评价外，裁判们还会审视参赛者从制作到提供饮品期间的全流程，围绕恰当性和正确性等维度开展评判。获胜者将被派往参加世界咖啡师大赛。此外，日本咖啡师协会也会组织举办咖啡竞技比赛。

浓缩咖啡机利用高压萃取技术，能够将本身不溶于水的油脂，以乳化油的形式萃取出来（萃取量为 0.1 克 / 杯）。在这个过程中，二氧化碳的细小气泡会形成胶体溶液，与脂溶性香味成分一起，赋予咖啡饱满浓郁的口感。

过去，浓缩咖啡主要在意大利、法国和西班牙等国家被广泛饮用。现在，这种萃取技术不仅在美国和澳大利亚等消费国得到普及，甚至传播到了许多咖啡生产国，成了全球主流的萃取方法。

世界各地的咖啡

罗马

佛罗伦萨

威尼斯

奥斯陆

赫尔辛基

哥本哈根

巴黎

波特兰

西雅图

3 商用浓缩咖啡机

1901 年，路易吉·贝泽拉发明了蒸汽压力咖啡机，该机器逐渐演变为今天的浓缩咖啡机。如今，商用浓缩咖啡机分为半自动和全自动两种，均可家用。

2000 年之后，浓缩咖啡机的数量迅速增加。到了 2010 年，半自动咖啡机的种类越发多样，机器的稳定性明显提高，一些新功能也不断涌现，如双锅炉（一个用于热水 / 打发奶泡，一个用于萃取）、萃取温度控制（可根据咖啡豆烘焙度调整）、大容量的咖啡粉碗等。此外，连专用咖啡豆研磨机的性能也有了显著提高，可以实现自动、准确、适量的研磨效果。

普通浓缩咖啡机的萃取过程通常为：①使用专用咖啡豆研磨机研磨出极细的咖啡粉；②取适量咖啡粉倒入咖啡粉碗；③用压粉锤将咖啡粉均匀压实；④将手柄插入咖啡机并开始萃取。同时还可以使用附带的蒸汽喷嘴打发奶泡。开店前，咖啡师需要在每天早晨设定机器参数，包括更换咖啡粉碗，调整萃取时长和萃取量等。

相比之下，全自动的机器就更方便了，只要预设好，按一下按钮就能选择萃取量，甚至可以制作牛奶咖啡。如果一天的萃取量较大，最好选择具备高性能连续萃取功能的机器。商用机器需要配备供水和排水系统、200V 电源和专用净水器。

金佰利牌浓缩咖啡机

4 意大利的咖啡吧

意大利是意式浓缩咖啡的发源地，这里的咖啡吧㊀从早晨开始便人头攒动，很多人在清早上班前都先进店享用一杯意式浓缩咖啡。咖啡吧同时也是当地社区居民的社交场所。在意大利，人们通常将咖啡萃取液与砂糖、泡沫层㊁混合饮用，这样可以让咖啡风味更均衡、口感更佳。

不同的意大利咖啡吧对意式浓缩咖啡的萃取量有着不同的标准。

意大利遍地可见的咖啡吧，已成为当地人生活的一部分，甚至被称为“第二个家”。另外，广场周边也有许多提供全套餐饮服务的咖啡厅。

威尼斯的咖啡吧

咖啡吧的早餐

㊀ 意大利的咖啡吧遍布大街小巷，全天营业，不仅提供简餐，还有酒水供应。大多数咖啡吧都是站立饮食，当然也有提供桌椅的店，后者服务更全面，因此价格也更贵。

㊁ 泡沫层是指飘浮在浓缩咖啡表面的一层泡沫，以绵密、浓厚、持久者为佳。如果咖啡豆足够新鲜，在萃取时就会产生较多的二氧化碳气体，从而形成漂亮的泡沫层。

5 风靡全球的浓缩咖啡

1990 年开始，以意大利咖啡吧为原型的星巴克等西雅图系（西雅图是星巴克总部的所在地）咖啡店的数量开始增多。2000 年后，星巴克发展迅猛，在美国咖啡行业掀起了一股新潮流，这段历史被一些业内人士称作“第二次咖啡浪潮[一]”。

位于美国波特兰的一家咖啡店

随后，其他地区的咖啡品牌也逐渐崭露头角，包括芝加哥的知识分子咖啡、波特兰的树墩城咖啡、旧金山的蓝瓶咖啡等。2010 年之后，新咖啡文化势力逐渐形成，许多咖啡店开始开发单品咖啡饮品，在菜单上加上浓缩咖啡以外的手冲咖啡，可视化吧台布局，在店内提供无线网服务等，这些新的变化被一些业内人士称作“第三次咖啡浪潮[二]”。

近年来，受这些咖啡店的影响，世界各地涌现出一众新式咖啡店。浓缩咖啡热潮席卷全球，在日本、澳大利亚及咖啡生产国等地得到推广。现在，在亚洲地区也能看到大量咖啡店，这些店铺基本采用自助服务的运营模式。

㊀ 1960—1970 年，美国的咖啡行业正值大量生产、大量消费和价格竞争的时代。在这样的背景下，1982 年，中小咖啡烘焙商主导成立了美国精品咖啡协会（SCAA）。星巴克等新式咖啡店引发了新潮流，美国咖啡行业从此告别了低价格、低品质的时代，这段时期被称作“第二次咖啡浪潮”。

㊁ 2002 年，特里西·罗思格柏在 SCAA 烘焙师公会的时事通讯中，针对当时咖啡业界的新潮流，提出了“第三次咖啡浪潮”这一概念。2010 年前后，日本媒体曾频繁引用这一词汇，现在已经很少提及。

意大利系、美国西雅图系和第三次咖啡浪潮系，三者在历史和文化层面上存在差异，造就了不同的咖啡店风格。这三类文化圈的主要区别如下表所示。

蓝瓶咖啡（旧金山）

知识分子咖啡（洛杉矶）

浓缩咖啡文化圈的主要特征区别

	意大利系	美国西雅图系、第三次咖啡浪潮系
咖啡机摆放位置	通常摆放在吧台的对面，咖啡师背对着客人制作咖啡	多摆放在吧台上，与客人相对。2010年后，许多咖啡店采用的是开放式吧台布局，每家店的机器摆放位置都不太一样
咖啡师	从业者以男性居多，工作性质为专职，雇佣形态为 JOB 型雇佣㊀，咖啡师们通常会终生从事这一职业。不过，近年来，女性咖啡师的数量也有所增加	不限性别，兼职人员也很多。咖啡师大赛的影响很大
烘焙度	意大利北部多使用中度烘焙咖啡豆，南部使用的咖啡豆烘焙度介于深度烘焙和城市烘焙之间。水的硬度高，咖啡酸度偏弱	星巴克使用深度烘焙咖啡豆，第三次咖啡浪潮系则多使用中度烘焙咖啡豆，最近也有一些咖啡店使用烘焙程度更深的咖啡豆
咖啡生豆的种类	多使用阿拉比卡豆和坎尼弗拉豆的拼配	使用单品阿拉比卡豆居多
偏好	早晨基本只饮用意式浓缩咖啡，米兰等地的人也时常饮用卡布奇诺	比起浓缩咖啡，更喜爱拿铁咖啡。花式咖啡的种类繁多
酒类提供与否	冰饮种类较少。供应酒水的店铺数量多	冰饮种类多。许多店铺不提供酒水

㊀ JOB 型雇佣：日本的一种雇佣形态。重视工作所需的能力，而不是学历或是年纪。简单来说就是成果主义的雇用形式，决定薪水或评价的重点也在于工作内容的成果跟效率。——译者注

6 在家享用浓缩咖啡

压力式浓缩咖啡机价格高昂，不妨使用其平价替代品——摩卡壶。摩卡壶是一种直火式浓缩咖啡机，比较知名的要属比乐蒂牌的经典单阀摩卡壶，许多意大利家庭都在使用这个产品。

摩卡壶使用方法如下：①往下壶注水；②将极细的咖啡粉倒入咖啡粉碗；③将上壶、下壶连接起来，中火加热至水沸腾；④萃取液被压至上壶中。这样制成的咖啡苦味较重，还含有一些细粉。

家用浓缩咖啡机是模仿商用款的工作原理制造的，其产品定位是让用户可以在家轻松制作浓缩咖啡。半自动式家用浓缩咖啡机的操作方式与商用款类似：把咖啡粉倒入咖啡粉碗，压实，再将手柄紧扣在萃取口上并开始萃取。不过，这种咖啡机需要搭配专用的咖啡豆研磨机，所以现在并不受消费者的青睐。

近年来，一种全自动式家用浓缩咖啡机成功占领了市场，成为主流产品，因为它只需按一下按钮就能选择萃取量。有些型号可以用蒸汽喷嘴来打发奶泡，有些型号则内置打泡器，只需按一下按钮，就可以轻松制作卡布奇诺等牛奶咖啡。

日本的水属于软水，如果搭配中度烘焙的咖啡豆来制作浓缩咖啡，那么咖啡的酸味就会过重。因此，最好选择烘焙度在城市烘焙与法式烘焙之间、苦味和酸度均衡的咖啡豆。

7　制作经典浓缩咖啡饮品

如今，人们在家中自制卡布奇诺和拿铁咖啡的需求越发强烈。在本书中，使用了德龙牌家用全自动咖啡机 MagnificaS 来制作这些咖啡，所用的咖啡豆均为法式烘焙咖啡豆。

使用奶泡壶制作牛奶部分，做法是：向壶中倒入牛奶，将蒸汽喷嘴插入其中，制出奶泡和蒸汽奶。

浓缩咖啡

1 ╱ 卡布奇诺

萃取 30 毫升浓缩咖啡，倒入容量为 150 毫升的厚壁咖啡杯中。制作奶泡（打发出泡沫的牛奶）和蒸汽奶（用蒸汽加热的牛奶），将其加入浓缩咖啡中即可。

2 ╱ 拿铁咖啡

萃取 30 毫升浓缩咖啡，倒入容量为 150 毫升的厚壁咖啡杯中，再向其中注入 120 毫升蒸汽奶即可。

3 摩卡奇诺

向咖啡杯中倒入巧克力糖浆，再注入 30 毫升浓缩咖啡，搅拌均匀。接下来的步骤与制作卡布奇诺一样，将 120 毫升奶泡和蒸汽奶加入咖啡中即可。

4 玛奇朵咖啡

玛奇朵音译自意大利语“Macchiato”，意为“印记、烙印”。向咖啡杯中加入 50~60 毫升奶泡，再倒入 30 毫升浓缩咖啡即可。

5 阿芙佳朵

阿芙佳朵音译自意大利语“Affogato”，意为“淹没、沉溺”。向玻璃杯中加入香草冰激凌，再倒入 30 毫升浓缩咖啡即可。

6 冰拿铁咖啡

先向玻璃杯中加入冰块和牛奶，再倒入 30 毫升浓缩咖啡即可。

7 冰咖啡

先向玻璃杯中加入冰块，再萃取 60 毫升浓缩咖啡，趁热倒入杯中即可。

8　浓缩咖啡的优异风味

纵观全世界，可用于萃取浓缩咖啡的咖啡豆种类繁多，包括单品阿拉比卡豆、阿拉比卡豆与坎尼弗拉豆的拼配等，涵盖从中度烘焙到法式烘焙的各种咖啡豆。咖啡界对于浓缩咖啡的风味，并没有统一的评价标准。

影响咖啡风味的因素有很多，包括：①水质（各国水质不同）；②咖啡粉的研磨度（颗粒度）；③萃取量；④压粉方法；⑤烘焙咖啡豆的种类（阿拉比卡豆、坎尼弗拉豆等）；⑥烘焙度；⑦烘焙结束后的养豆期（第 7 天的风味比刚烘焙时的风味更佳）。

通常来说，正面的风味包括巧克力味（香草巧克力或可可巧克力）、花香、果香等；而负面的风味则是稻草味、烟味、坚果味（花生味）等。笔者按照自身标准，总结出浓缩咖啡的正面风味和负面风味，在 55 页的表格中列举出来。

阿拉比卡豆

坎尼弗拉豆

意大利、法国、西班牙等国家的民众通常在咖啡吧享用浓缩咖啡。而在欧洲其他国家、美国等国家，民众则更喜爱含奶的调制咖啡。也有些人喜欢喝“美式咖啡”，其制作方法是将热水加入浓缩咖啡中。

丹麦的咖啡店

浓缩咖啡的风味

风味	英文	正面描述	负面描述
香气	Aroma	香气强	香气弱
酸度	Acidity	清爽的酸味	尖锐、刺激的酸味
醇厚度	Body	浓缩感、复杂性	稀薄
干净度	Clean	无杂味、风味干净	杂味、混浊感
平衡感	Balance	醇厚中带些许酸味	发酸
余韵	Aftertaste	余韵持久、回甘	欠缺余韵
苦味	Bitterness	柔和的苦味	刺激、焦煳、烟臭
泡沫层	Crema	泡沫厚、持久	泡沫薄、短暂

浓缩咖啡的分析数据

浓缩咖啡的风味受咖啡豆品种、烘焙度及咖啡粉用量等因素影响。近来，使用双层滤网，加大咖啡粉量的萃取操作也越来越常见，使浓缩咖啡的风味变得更加多样化。笔者使用金佰利牌咖啡机（型号 M100-DT/2），进行了多次浓缩咖啡萃取实验，并使用味觉检测仪对风味进行了分析，结果如下。

1／以 19 克法式烘焙咖啡豆（pH5.6）为萃取样本，使用商用咖啡机分别萃取 50 毫升长萃咖啡、30 毫升标准浓缩咖啡和 20 毫升特浓咖啡，并使用味觉检测仪分析风味。

样本咖啡	白利度	感官评价
长萃咖啡	8.5	香气芬芳、具有明亮的酸味、风味清爽、苦味偏重
浓缩咖啡	11.0	浓度均衡，苦味怡人，酸度明晰
特浓咖啡	13.8	风味复杂、浓厚，带有可可香气，余韵为热带水果味

2／分别萃取烘焙度为深度烘焙、城市烘焙和法式烘焙的咖啡豆，并使用味觉传检测仪分析风味。

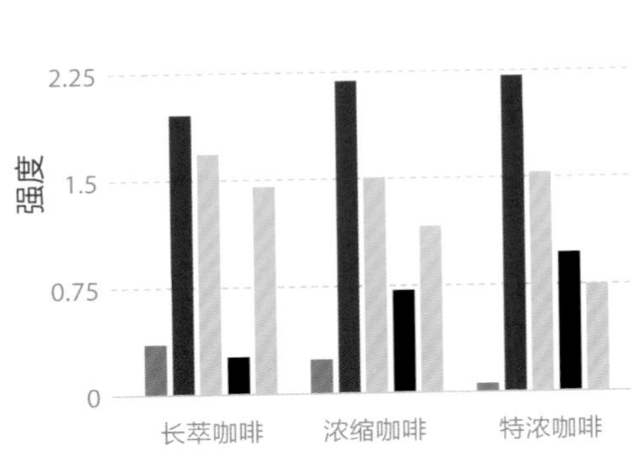

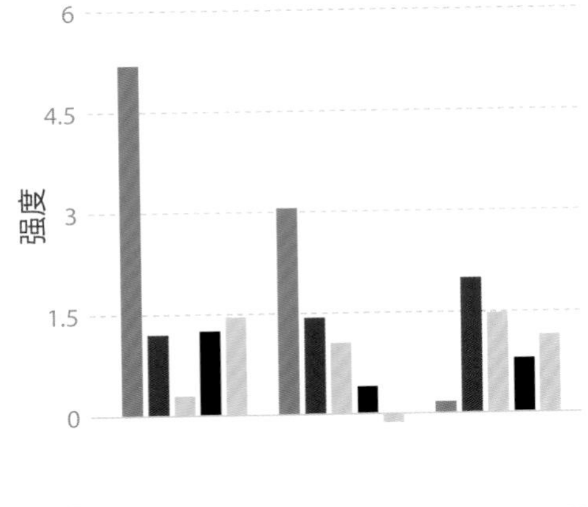

第 2 部分
了解咖啡

咖啡生豆是制作咖啡的原材料，不同的咖啡生豆之间存在显著的品质差异。使用产地优越、精心栽培、用心精制的咖啡生豆，可制出美味的优质咖啡，这一点是劣质咖啡生豆所无法比拟的。在第 2 部分，笔者将带领大家去了解“咖啡之间存在品质差异”这一客观事实。

本书在第 6 章列举了各种咖啡的理化指标数值和感官评价分数，旨在运用科学的数据，帮助大家理解挑选咖啡豆时所必须掌握的风味相关知识。第 2 部分作为其预备章节，将围绕咖啡基础知识进行解说，主要包括：①咖啡栽培；②咖啡的流通等；③精品咖啡和商业咖啡的区别；④咖啡的理化指标；⑤咖啡的评价。

第 3 章　从咖啡栽培了解咖啡

1　咖啡是一种热带作物

咖啡树是茜草科常绿木本植物，主要分布在热带地区，自然生长或人工栽培。我们饮用的咖啡就是用其果实里的种子制成的。

咖啡果的构造

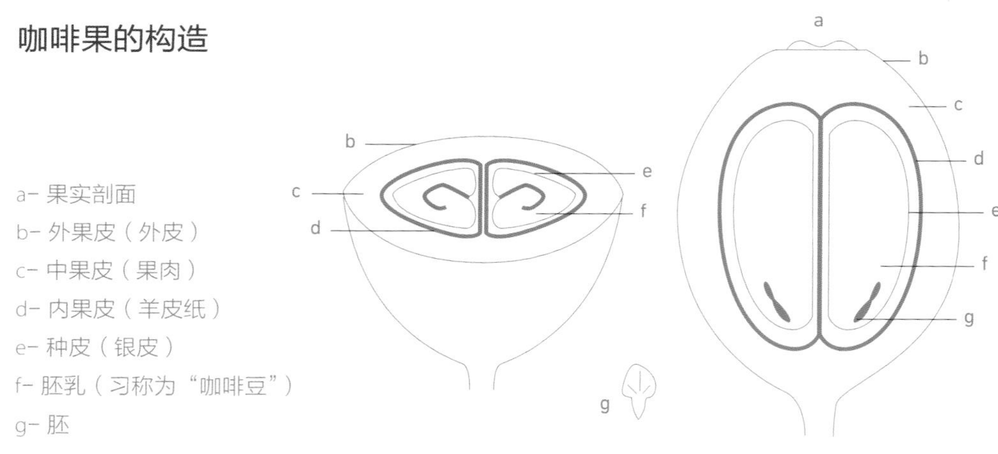

果实的最外层是外果皮，包裹着果肉及其内侧名为“内果皮”的纤维质厚皮。内果皮上附着胶状的糖质黏液——咖啡果胶。种子表面覆盖着薄薄的种皮 / 银皮（烘焙时会剥落），里面是胚乳和胚。胚乳含有种子发芽和生长所需的碳水化合物、蛋白质和脂质等营养物质。

热带的地理定义是以赤道为中心，位于北回归线（北纬23° 26′ 22″）和南回归线（南纬23° 26′ 22″）之间的带状地区。热带作为咖啡的生产区，有时被称为“咖啡带”。该地区的许多地方高温多湿，有效促进了植物的分化和发育，形成了发达的栽培业，栽培作物包括禾本科作物（水稻、甘蔗）、豆科作物、块根作物（木薯、番薯）、纤维作物（棉花、亚麻）、油料作物（椰子、可可、大豆）、橡胶、香辛作物（胡椒、姜黄）和芳香作物（茉莉花、香草）等。

咖啡树也属于一种热带经济作物，对生长环境有一定要求，并非随处可见。尤其是阿拉比卡种，其栽培环境十分受限。

咖啡适宜栽培在中美洲国家、哥伦比亚、坦桑尼亚和肯尼亚等火山山麓地区（海拔800~2000米）和埃塞俄比亚高原、也门等山区，以及年平均气温在22℃左右的无霜地带。巴西平原气候温暖（海拔800~1100米），也属于咖啡栽培区域。

咖啡果

咖啡的栽培条件

栽培条件	环境
日照	日照量以多为宜，但当气温超过30℃时，咖啡树的光合能力会下降，因此栽培时一般会配套种植遮阴树
气温	适宜在气温相对温和凉爽的高海拔地区生长，这些地区的年平均气温约为22℃（最低气温不低于15℃，最高气温不超过30℃）。气温比土壤对咖啡树的影响更大，柑橘等作物也是如此
降水	年平均降水量不低于1200~2000毫米

咖啡树的特征

	内容
繁殖	主要为实生繁殖[㊀]，通过播种、发芽，获得新苗。将带壳豆（含水量为15%～20%）种植在苗床或种植钵中，培育出幼苗。笔者在冲绳进行过发芽实验，发芽率约70%
树高	阿拉比卡种树高可达4~6米，需修剪到2米左右。一些品种经矮化变异，树高有所变化
开花	咖啡树一般会在播种3年后开出白色花朵，但花的寿命只有3~4天。在巴西这种雨季和旱季分明的地区，花朵会同期绽放，而在降雨不规律的地区，如苏门答腊，花朵会先后绽放
结果	通常，咖啡树在定植3年后，方可采收。开花后，经历6~7个月，咖啡树就会结出果实
果实	在海拔2000米的地区，咖啡树可能需要栽培4~5年才能采收。咖啡果在成长过程中，颜色由绿变黄，然后变红，完全成熟后呈紫红色（深红色）。有些品种咖啡果成熟时的颜色是黄色的
种子	正常情况下，咖啡果果肉中的两颗半圆形种子相向排列（Flat Bean：扁豆）。约有5%的概率，在枝条顶端能发现只有一颗圆形种子（Peaberry：珠粒，一荚单粒的圆形咖啡豆，是咖啡树在受精后停止发育或受精失败的影响下，所产生的畸形种子）的果实
遮阴树	由于咖啡树不耐强光直射，因此需要种植高大的豆本科植物作为遮阴树。这样可以抑制白天温度的上升和夜晚温度的下降，从而降低气温日较差（一天之中的气温变化）。最理想的遮阴效果是树荫均匀，达到75%的光线通过率。遮阴树能使土壤保持凉爽温度，其落叶还可以作为咖啡树的肥料
自花授粉	自花授粉是指同一朵花中，雄蕊花粉落到雌蕊柱头上的受精过程，而异花授粉则是指一朵花的花粉落到另一朵花的柱头上的受精过程。据说，阿拉比卡种的自花授粉率高达92%，异花授粉率仅为8%。坎尼弗拉种无法自花授粉，而是靠风媒或虫媒（蜜蜂）授粉

㊀ 实生繁殖：即种子繁殖，通过媒介，把雄蕊的花粉传授到雌蕊的柱头，经过受精作用，结成果实，从果实中取出种子播种培育成苗，直接用于田间定植。——译者注

咖啡栽培实况

苗床

栽培咖啡时，农户和庄园用采收的咖啡果来培育树苗。

定植㊀

产地不同，定植方式也不同。通常做法是当树苗长到 20 厘米时，就将其移栽到苗圃。

开花

阿拉比卡种多为自花授粉。

结果

大多数品种的咖啡果成熟后呈红色，也有些品种的咖啡果成熟后呈黄色。

庄园

各生产国的庄园规模各异。在本书中，“庄园”意同“苗圃”。

遮阴树

午后多云的地区则不需要种植遮阴树。

㊀ 定植：将培育好的树苗移栽于固定地方。——译者注

2 “风土”的概念

“风土”一词主要用于法国勃艮第地区生产的红酒，其概念是“产地的地理、地形、土壤和气候（日照、气温等）的差异孕育出的独特风味”。

风土和品种是咖啡树栽培的重要因素，两者的适配度被认为是影响咖啡豆独特风味的主要因素。在过去20年的咖啡栽培发展历史中，人们逐渐证实——在优越的生长环境中，栽培合适的品种，经过精心的精制和干燥，就可以生产出独具风味的咖啡豆。如果没有风土这一概念的存在，品味咖啡的乐趣恐怕会减半。

许多咖啡生产国（巴西除外）的土壤都是微酸性（pH5.2~6.2）的火山土壤（由火山灰风化形成的矿物质土壤）。其特性是具有高保水性和透水性。此外，它还富含有机物和腐殖质（动植物尸骸腐烂分解而成的物质），对咖啡豆的脂质等成分的形成具有一定影响。

危地马拉的肥沃火山灰土壤

生产有机肥料的庄园

笔者在实地探访世界各地的咖啡产地时，发现许多咖啡树枝叶稀疏，亟须施肥。有些地区的小农户会将咖啡果脱皮后，把果肉与鸡粪等混合制成有机肥料；在夏威夷科纳等地区，生产者在栽培咖啡树时会大量施肥。在受阳光直射的产地，咖啡树存在缺氮的问题，而豆科遮阴树的落叶可以为其补充氮元素。

火山土壤看似肥沃，但它不仅更容易遭受霜冻，而且可能会随海拔变低而风化，从而变得贫瘠。此外，咖啡树成长时会吸收园地土壤的养分，收成后，土壤中的氮、钾、磷酸和石灰等含量会降低。栽培时若不予以施肥，就会导致土壤贫瘠，生产率下降。由此可见，施肥对稳定生产起到了重要作用。

以巴西为例，巴拉那州和圣保罗州的红紫土土质优良，适宜栽培咖啡，而塞拉多地区的红土 pH 约为 4.5，呈酸性，需施以有机肥㊀和石灰改良酸性土壤，以实现当地农业的可持续发展。

从风土这一角度出发，可以得出以下结论：就咖啡树栽培而言，土壤条件固然重要，由气温、海拔所造成的昼夜温差、降雨量等也是不容忽视的因素。

㊀ 咖啡果肉是一种可作肥料的有机残渣，将其做堆肥利用，可以提高咖啡果产量。小农户一般把果肉与鸡粪、牛粪混合使用。一些生产者正在研究咖啡果肉与甘蔗渣、木屑等各种材料混合后的施肥效果。在巴西的塞拉多地区，有些地方会同时栽培咖啡树和甘蔗。

危地马拉的咖啡种植区

哥伦比亚的咖啡种植区

哥斯达黎加的咖啡种植区

也门的咖啡种植区

巴西的咖啡种植区

牙买加的咖啡种植区

3　高海拔产区的咖啡风味更佳

海拔与风味之间存在相关性：在同一纬度上，高海拔地区的昼夜温差更大，咖啡树的生长速度更缓慢，孕育出的咖啡果的总酸量、脂质量和蔗糖量更多，其种子（咖啡豆）的风味也就更为复杂。

海拔对阿拉比卡种咖啡树的影响尤为明显，它比坎尼弗拉种更适宜栽培在高海拔地区。

再来看看气温与海拔之间的关系，海拔每增加100米，气温就会降低0.6℃。假设赤道附近的苏门答腊岛低海拔地带的气温是33℃，那么海拔上升到1500米时，气温就会降低9℃，也就是24℃，此温度适宜栽培咖啡树。另一方面，气温也与纬度有关，纬度越高（离赤道越远），气温越低。因此，同为低海拔地带，只要纬度较高，气温同样达到24℃，也可满足咖啡栽培条件。

如在北纬14° 30′ 的危地马拉的安提瓜地区，只有海拔1000米以上的地带才能栽培咖啡树，而在北纬19° 30′ 的夏威夷科纳地区，适宜栽培咖啡树的海拔则在600米左右。

近10年来，受气候变化影响，咖啡的适宜栽培区似乎在朝高海拔地区变化。在危地马拉的安提瓜、哥伦比亚的纳里尼奥、哥斯达黎加的塔拉苏、巴拿马的博克特等地区，咖啡树栽培园一般分布在海拔2000米左右的地带。

纬度与海拔的关系

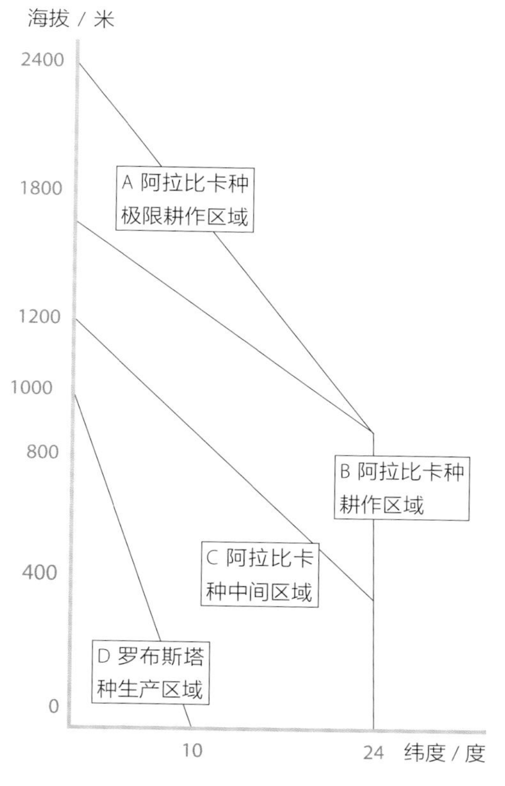

下图根据哥伦比亚国家咖啡生产者协会调查数据制作，显示了哥伦比亚 COE㊀获奖咖啡豆的评分和产地海拔之间的关系。卡杜拉种是哥伦比亚的原生品种，卡斯蒂略种是具备抗病性的品种。这两个品种均呈现出产地海拔越高，评分越高的特点。卡杜拉种的高评分来自海拔超过 1800 米的地区品种。

这些数据表明，在哥伦比亚地区，优质咖啡多产于海拔超过 1000 米的区域，海拔 1400 米地区生产的卡斯蒂略种咖啡豆风味优异，而卡杜拉种对 1800 米以上的高海拔适应性更好，在该海拔条件下培育出的品种风味更佳。

哥伦比亚的咖啡品种与海拔的关系

（2005—2015 年的平均值）

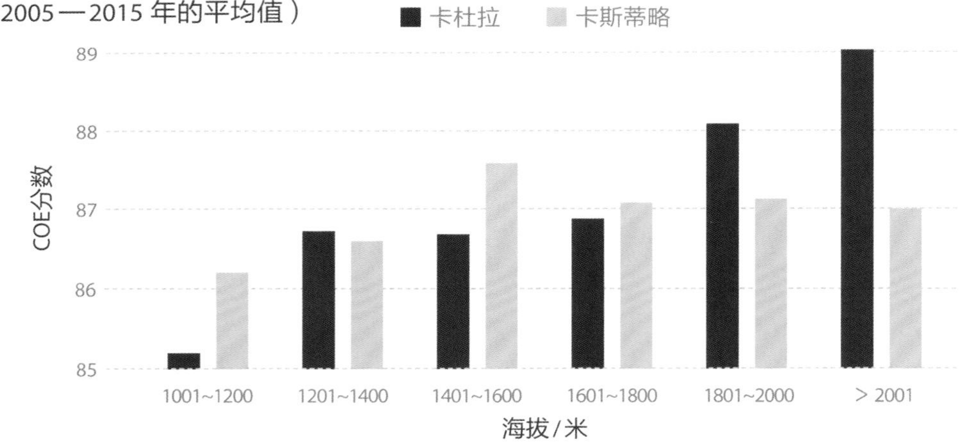

哥伦比亚的咖啡产地（海拔超过 1600 米）

㊀ COE（Cup of Excellence）：即卓越杯，是一个全球咖啡互联网竞拍平台，生产者通过该平台发布获奖咖啡生豆，由咖啡消费国的贸易商和咖啡烘焙商竞价购买。COE 发源于巴西，自 1999 年创办至今，每年定期举办活动。

4 如何采收咖啡果

大多数咖啡生产国采用逐颗手工采摘的方式采收成熟咖啡果。这是保证咖啡生豆品质的一道重要工序。

巴西则相反，人工采收极为罕见，塞拉多等地的大型庄园咖啡果产量高，当地使用大型机械进行采收作业。中型庄园采用速剥采收的方法，采摘工人用手将咖啡果连同树叶一起取下，使其落到铺在地面的塑料布上。

巴西的雨旱两季分明，咖啡树会在同一时期开花，但果实的成熟时机却会因不同区域的海拔差异而有先后之分。在海拔 1100 米、建在斜坡上的庄园里，位于低地势的咖啡果最先开始成熟。因此，需要按照成熟顺序采摘咖啡果。未熟的绿色咖啡果口味发涩，应采摘成熟的红色咖啡果。另外，位于坡顶凉爽地带的咖啡果成熟得更晚，其总酸量、脂质量和蔗糖量也会相应增多。

哥伦比亚庄园的采收作业

巴西庄园的机械采收（左图）和速剥采收（中图和右图）

第 4 章　从流通情况了解咖啡

1　日本主要从巴西和越南进口咖啡

国际咖啡组织中生产国的咖啡总产量占据了全球咖啡总产量的 93%。产地所处的纬度不同，其适宜栽培咖啡树的海拔、土壤和气温也不同。这些环境条件与品种特性的适配度造就了咖啡风味的差异。

目前，日本进口的咖啡生豆主要由越南产区的廉价坎尼弗拉豆和巴西产区的阿拉比卡豆所组成。这些咖啡豆用于生产罐装咖啡等工业产品，也用于制作速溶咖啡和廉价咖啡。

2021 年日本的咖啡生豆进口量
（按每袋 60 千克换算成袋数）

国家	袋数	国家	袋数	国家	袋数
巴西	2437381	坦桑尼亚	225394	乌干达	23685
越南	1672075	洪都拉斯	169362	肯尼亚	23373
哥伦比亚	794496	老挝	61557	哥斯达黎加	21722
印度尼西亚	414706	萨尔瓦多	45241	牙买加	3348
危地马拉	331879	秘鲁	42014	东帝汶	3278
埃塞俄比亚	327948	尼加拉瓜	28880	巴拿马	2352

红字表示坎尼弗拉种的高产国，巴西的咖啡总产量占全部生产国总产量的 30%。

2 当前的咖啡生产量和消费量

由于气候变化，预计到2050年，咖啡产量将大幅下降。此外，生产国经济增长所导致的人力短缺、化肥等生产成本的上升、零散小农户的生产结构、坎尼弗拉种的产量增加等因素都将阻碍阿拉比卡种咖啡豆的生产。另一方面，从消费地区来看，亚洲的韩国及同为生产国的中国、菲律宾、印度尼西亚、泰国、缅甸和老挝等地的咖啡消费量也呈增长趋势，未来恐将出现咖啡供不应求的情况。不仅如此，坎尼弗拉种和廉价的巴西咖啡催生了廉价咖啡市场，使得咖啡品质下降问题变得尤为突出。

作为增产手段，可以考虑进一步扩大坎尼弗拉种（约占咖啡总产量的40%）的生产，又或者改种产量更高的卡蒂姆品种，但这样势必会导致咖啡风味的降级。为此，世界咖啡研究中心㊀正着力研发选育具有抗病性且风味优异的咖啡新品种，但现阶段尚不清楚这些品种能否扭转咖啡产量下降的趋势。

为了维持和发展咖啡产业，必须要做的事为：①栽培高品质的咖啡树，以增加农民收入，提高其生产积极性；②加强咖啡市场相关人员和消费者对咖啡品质和风味的认知；③合理控制精品咖啡和商业咖啡的市场流通量等。市场规律作用下的廉价咖啡市场的扩大会阻碍咖啡整体的生产。笔者认为，应该建立一个以品质来决定合理价格的市场，以保障咖啡产业生产和消费的可持续发展。

生产量和消费量

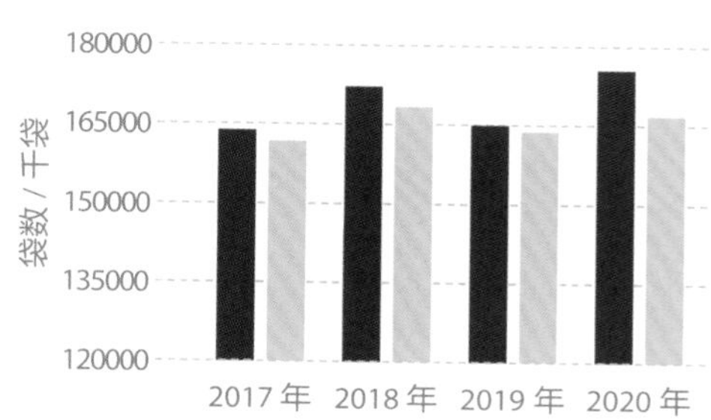

咖啡生产量从2017年的163693千袋增加到2020年的175374千袋，消费量也从2017—2018年（生产年份）的161377千袋增加到2020—2021年（生产年份）的166346千袋。需要说明的是，由于气候变化、咖啡叶锈病等因素，生产量存在一定波动。表中数据也不含各咖啡消费国的库存量。

㊀ 世界咖啡研究中心根据气候学家研究数据分析得出，如果不采取任何措施，气候变化将会导致咖啡严重减产。

3 咖啡生豆从生产国到日本的流通过程

在咖啡生产国，采收的咖啡果在精制后，以干燥咖啡果或带壳豆的状态被送往脱壳加工厂，经脱皮和筛分，最后以咖啡生豆的产品形态销往消费国。

常见的咖啡豆贸易包装材料是麻袋（各地的包装规格不同：巴西、东非国家为 60 千克 / 袋，中美洲为 69 千克 / 袋，哥伦比亚为 70 千克 / 袋，夏威夷科纳为 45 千克 / 袋）。为防止精品咖啡豆的品质下降，运输时也会使用谷物专用袋（一种密封包装袋，使用时通常会在其外层再套麻袋）和真空包装袋（容量为 10~35 千克）。

咖啡生豆运抵装货港后，被装入集装箱向国外出口。一般使用干货集装箱装运，由于存在升温风险，所以在运送精品咖啡豆时也会选用冷藏集装箱（恒温 15℃左右）。

麻袋

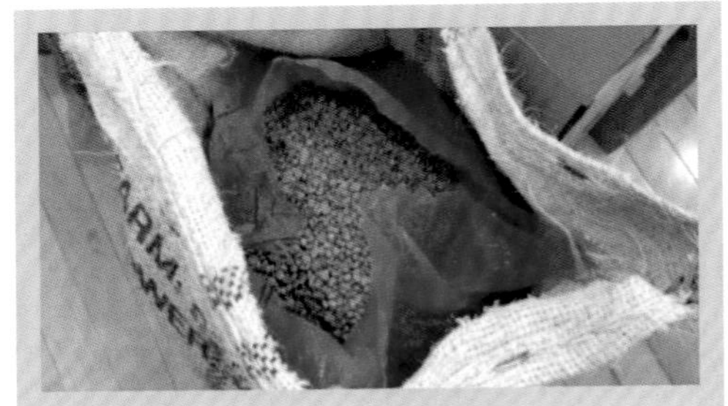

谷物专用袋

真空包装袋

生产国的内部流通环节

生产者（小农户）	据说咖啡总产量的70%~80% 是由小农户所贡献，大多数零散小农户只拥有2~3公顷（2万 ~3万米^2）耕地面积，其经营模式是向农业合作社、中间商等出售咖啡果或带壳咖啡豆
生产者（庄园）	生产量约占咖啡总产量的20%~30%。庄园的规模因生产国而异。经营模式一般为：将咖啡果或带壳咖啡豆运到脱壳加工厂，然后通过出口商销往消费国
脱壳加工厂	在这里对带壳咖啡豆和干燥咖啡果进行脱壳、筛分和包装加工。筛分包括去除石头和杂质、比重筛分、筛网筛分、颜色筛分和手工挑拣等工序，最后进行称重和包装
出口商	主要职责是与进口商和咖啡烘焙商谈判，签订销售合同并办理出口手续。合同的签订取决于咖啡生豆的荐购样品和发货样品的质量

咖啡生豆在生产国的内部流通过程因国家而异，不可一概而论。

集装箱

海关港口仓库

4 咖啡生豆在日本的流通

日本进口商通常会在普通咖啡生豆运抵海关港口后，将其存放在常温仓库；恒温仓库（15℃）则多用于储存精品咖啡豆。常温保存时，梅雨和夏季的湿度、室外温度等因素会对咖啡生豆产生不良影响，如果有长期保持品质的需求，使用恒温仓库会更好。

日本国内的流通环节

进口商	进口咖啡生豆，并出售给咖啡生豆经销商、大型咖啡烘焙商等
咖啡生豆经销商	从进口商处购买咖啡生豆，主要供货给中小型咖啡烘焙商和私人咖啡烘焙店。2010年以后，行业内还出现了经销商自行进口精品咖啡生豆的情况
小型咖啡生豆专卖店	专门进口咖啡生豆，销售给私人咖啡烘焙店。自2010年以来，小型咖啡生豆专卖店的数量正不断增加，以满足私人咖啡烘焙店的小批量需求
海关港口仓库	以常温或恒温储存咖啡生豆，并提供出库服务
大型咖啡烘焙商	向咖啡馆、超市、便利店或家庭出售烘焙咖啡豆。此外，也为即饮商品制造商供货
中小型咖啡烘焙商	主要为咖啡馆提供商用咖啡豆批发业务。据不完全统计，全日本约有200~300家中小型咖啡烘焙商
私人咖啡烘焙店	实体店经营，为家庭提供烘焙咖啡豆产品。据估计，全日本目前共有5000~6000家私人咖啡烘焙店的实体店。其数量呈现上升趋势

5 烘焙咖啡豆在日本的销售情况

在日本，商用咖啡（如在咖啡馆、餐馆、办公室饮用的咖啡）、家庭咖啡和工业咖啡（如罐装咖啡）统称为普通咖啡，与速溶咖啡分属于两种不同的咖啡类别。2021 年，日本国内普通咖啡的产量为 26.7725 万吨，速溶咖啡的产量为 3.6 万吨，前者的市场份额远超后者。

普通咖啡的家用、商用和工业用比例约为 1∶1∶1。受新冠病毒感染影响，自 2020 年起，普通咖啡商用比例呈减少趋势，而家用比例则呈增加趋势。

在日本，咖啡的消费场所呈现出多样化特征，包括：咖啡馆（约 6.7 万家 /2016 年）、咖啡厅（与咖啡馆的区分标准并不明确，店铺数量不详）、咖啡销售连锁店（约 6500 家）、便利店（约 6.3 万家）、日式家庭餐厅（约 5300 家）、汉堡连锁店（约 6300 家）、酒店（约 9800 家，不包括日式旅馆）和办公室（数量不详）等。咖啡馆从 1981 年高峰期的 15.463 万家大幅下降到 2016 年的 6.7198 万家，这部分市场空缺被销售咖啡的便利店所填补了。

普通咖啡的消费量

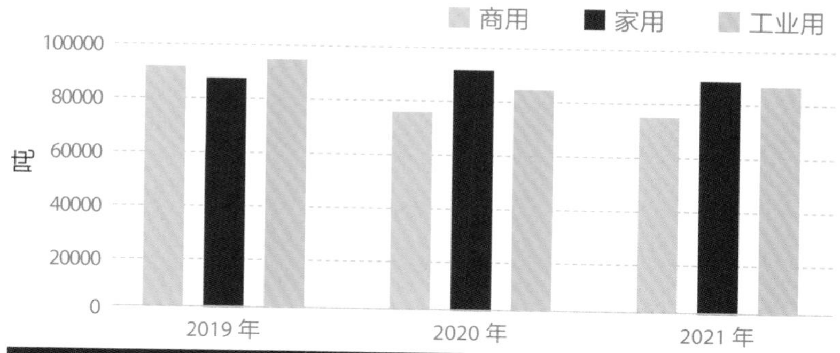

第 5 章　从精品咖啡了解咖啡

1　精品咖啡诞生时间

1970 年以后，美国大型咖啡烘焙商之间的价格竞争加剧，导致咖啡品质大幅下降，咖啡消费量比 1950—1960 年减少了一半，消费者开始逐渐远离咖啡[㊀]。为了挽救这个局面，美国精品咖啡协会（SCAA/Specialty Coffee Association of America）于 1982 年诞生了。

SCAA 创始秘书长唐·霍利表示，精品咖啡是基于努森咖啡公司的娥娜·努森于 1978 年在法国举行的国际咖啡大会上提出的观点——不同的地理气候造就了拥有独特风味的咖啡——所形成的概念。

娥娜强调："要想生产出具备独特风味的咖啡，需要在特定产区，对铁皮卡、波旁等品种进行正确的栽培、精制和筛分，并施以合理的运输管理，选择最佳的烘焙方案，确保包装能保持新鲜度，适当地萃取，开展标准化感官评价等"。

这一理念被 21 世纪初期的 SCAA 所继承，并在其官方主页提出如下观点："SCAA 的重要职责之一是制定咖啡栽培、烘焙和萃取的行业标准"。

2004 年左右，SCAA 的咖啡生豆分级系统开始实施应用，一场以美国为中心的声势浩大的精品咖啡运动应运而生。

在今天的 SCA 官网上，对精品咖啡是如此描述的："精品咖啡离不开品质第一的农户、咖啡收购人、咖啡烘焙商、咖啡师和消费者的倾力支持。"由此可见，SCA 至今仍在以高度的责任意识，致力于精品咖啡事业。

㊀ 1950 年，美国约有 200 多家咖啡烘焙商，而到了 1970 年，该数量减少到只剩 20 家寡头垄断企业。于是，咖啡味道变淡了，市场上充斥着劣质咖啡，人均消费量也随之减半了。

2　“可持续咖啡”理念的诞生

2000 年以来，可持续发展这一概念迅速普及，通过可持续农业生产栽培的“可持续咖啡”也随之诞生。基于“生产者应获得与其生产物质价值相称的合理报酬”理念，3 种可持续性咖啡主导了咖啡市场。

有机咖啡是使用对土壤友好的、不依赖化学农药的有机耕作方法栽培出的咖啡，是通过“有机 JAS（日本有机农业标准）”认证的有机农产品。公平贸易咖啡是指通过公平贸易销售的咖啡，其最低销售价格受到保障，并带有国际公平贸易标签组织的认证标志。树荫咖啡是指在自然森林环境中生产出的咖啡，其生产方式有助于保护多样的生态系统和候鸟。

可以说，在 SCA 的咖啡生豆品质标准和可持续咖啡的共同推动下，精品咖啡的概念才得以广泛传播。值得注意的是，可持续咖啡不等同于精品咖啡，它也包括许多在市面上流通的商业咖啡。

东帝汶的公平贸易活动（左图、右图）

3　可持续咖啡的诞生

2003 年，日本精品咖啡协会（SCAJ/Specialty Coffee Association of Japan）应时而生。2004 年，笔者在亚特兰大的 SCAA 展会上围绕“日本精品咖啡市场”做了演讲。这段时期大概可以称作是日本精品咖啡发展的黎明期。

品质检查

SCAJ 以一年一度的展览会形式宣传推广精品咖啡。日本国内国外的生产商、浓缩咖啡机制造商、烘焙机制造商和咖啡烘焙商在内的众多展商云集一堂。从 2022 年起，该展会也开始向一般消费者开放。

此外，SCAJ 也举办了以日本咖啡师大赛为代表的诸多咖啡相关比赛，如拿铁拉花艺术比赛、手冲咖啡比赛和咖啡烘焙比赛等。SCAJ 设有技术委员会、可持续发展委员会和高级咖啡烘焙师委员会等机构，组织开展了各种研讨会。不仅如此，该组织还着力培养咖啡大师（对咖啡有深入了解并掌握基本技能的专业人士）和咖啡品鉴师。

SCAJ 展会

2005 年以后，大众对咖啡生豆品质的关注度越来越高，纷纷开始使用修订

杯测训练

后的“SCAA 杯测表”进行咖啡品鉴。这股精品咖啡的风潮也延伸到了日本。为了推广杯测评价法，SCAA 开展了杯测师的培训认证。此后，杯测师资格认证被并入由咖啡品质学会[㊀]（CQI）运营的“阿拉比卡咖啡品鉴师”认证。现如今，SCAJ 作为 CQI 的合作组织，针对杯测师资格开设了培训课程。SCAJ 还独自设计开发了杯测表，并时常举办杯测研讨会。

SCAJ 在成立之初，将精品咖啡定义为“本身具有极佳风味，能让消费者（咖啡饮用者）感到满意并给予美味评价的咖啡。为了达到这一风味水平，从咖啡豆（种子）到出品的所有阶段都必须贯彻统一的标准、工序和品质管理。”。

㊀ 咖啡品质学会致力于咖啡的品质提升、生产者的经济改善等。咖啡品鉴师是能够根据 SCA 制定的标准和流程，对咖啡进行评价的技术人员。

4 日本市面上销售的咖啡

目前，在日本市场销售的咖啡大致分为阿拉比卡精品咖啡、阿拉比卡商业咖啡[㊀]、巴西产阿拉比卡咖啡（占全世界咖啡总产量的35%）和坎尼弗拉咖啡（占全世界咖啡总产量的40%）。

圆饼图所示为粗略比例，可见坎尼弗拉咖啡、廉价的巴西咖啡和其他商业咖啡占据了日本的绝大部分市场。

日本的咖啡生豆市场份额

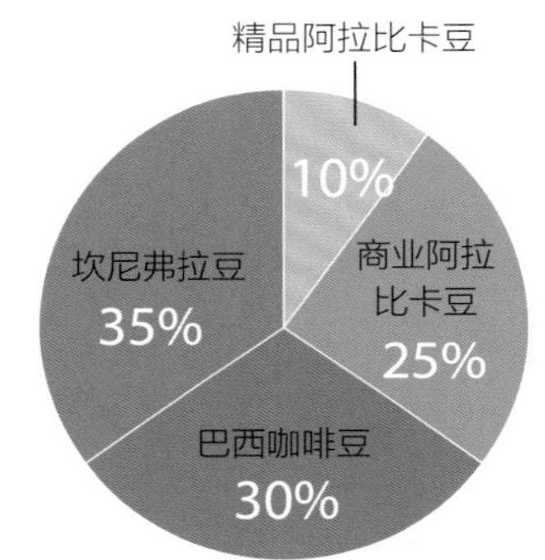

在这种背景下，2022年10月以来，接连出现的诸如咖啡交易价格飙升（巴西霜冻灾害导致）、生产国劳动力成本和化肥成本上升，以及日元贬值带来的采购成本增长等问题，使得日本的咖啡价格不断上涨。此外，商业咖啡生豆的品质也呈下降趋势，造成咖啡整体风味降级，最终可能导致大众逐渐远离咖啡。

在过去与咖啡打交道的30年中，笔者见证了精品咖啡市场的形成，尽管规模很小，但也足以倒逼商业咖啡提升品质。可以预见，今后全球的咖啡需求将日益增长，咖啡生豆的价格也会随之上涨。消费国必须以与品质相匹配的合理价格采购精品咖啡豆和商业咖啡豆，以支援生产者。要摆脱低价竞争，建立一个公平的市场，使精品咖啡和商业咖啡能以适当价格共存这一目标的实现，必须建立在咖啡行业人士和消费者对优质咖啡品质的理解与认同之上。

㊀ 在本书中，使用商业咖啡来指代非精品咖啡消费者倾向于以价格为导向。

5 精品咖啡和商业咖啡的异同

精品咖啡的特点是：在每个生产国的咖啡出口品级中名列前茅，具有明确的生产履历，并且有如下特点：①没有劣质风味；②具有产地的独特风味。这些咖啡不仅拥有良好的生长环境，而且经过精心的栽培、精制、干燥和筛分，经过了适当的包装、运输和储存，最后还经过出色的烘焙和萃取。

进入2000年后，单一庄园生产的咖啡开始涌入市场。到2010年时，越来越多的咖啡开始具备可溯源性，即拥有详细的生产履历——产地、生产者、采收时间和加工方式等生产信息。于是，消费者现在可以根据生产履历，比较不同生产年份的咖啡之间的品质和风味差异。

在2020年，精品咖啡品质*的三极分化更为显著，而商业咖啡品质也因出口品级的高低（正常流通产品中的高级品和一般品）差异而趋于两极分化。如此一来，在咖啡生豆和烘焙咖啡豆的价格方面，精品咖啡和商业咖啡之间的差距也将持续拉大。

举例说明，日本市场的零售烘焙咖啡豆价格相差很大：廉价品为100克/200日元（约9.5元人民币），中级品为100克/500日元（约23.7元人民币），优质品为100克/1000~1500日元（约47.4~71.1元人民币）。特殊品种（如瑰夏品种）的价格则通常超过100克/3000日元（约142.2元人民币）。

* 在SCA感官评价体系中，精品咖啡的评分大多在80~84分，也有部分咖啡能达到85~89分和90分以上。

条目	精品咖啡	商业咖啡
栽培地	包括土壤和海拔在内的生长条件均十分优异	多为低海拔区域
规格	生产国的出口品级 + 生产履历等	各生产国的出口品级
精制	细致用心的精制和干燥工序	多为量产，品质一般
品质	瑕疵豆较少	瑕疵豆较多
生产批量	以水洗加工厂、庄园为单位的小批量生产	多个产地、品种混杂的大批量生产
风味	风味独特	中游水平风味，缺乏特色
咖啡生豆价格	独立的价格体系	受期货市场影响
商品名示例	埃塞俄比亚耶加雪菲 G-1	埃塞俄比亚

6 精品咖啡和商业咖啡的理化指标数值差异

除感官评价外，从理化指标数值方面，也可以看出精品咖啡和商业咖啡之间的差异。迄今为止，笔者已分析过烘焙咖啡豆的pH、滴定酸度（总酸量）和咖啡生豆的脂质量、酸值、蔗糖量。结果表明，精品咖啡和商业咖啡之间差异显著。

咖啡样本的萃取

下表是从市场采购来的25个精品咖啡样本和25个商业咖啡样本的分析结果，精品咖啡和商业咖啡的各理化指标数值之间差异显著[㊀]（$p<0.01$）。此外，这些理化指标数值还与SCA感官评价分数之间存在相关性[㊁]，表明理化指标数值可以佐证感官评价结果。

精品咖啡和商业咖啡的理化指标数值差异（生产年份：2016—2017年）

	精品咖啡数据范围	精品咖啡平均值	商业咖啡数据范围	商业咖啡平均值	对风味的影响
pH	4.73~ 5.07	4.91	4.77 ~5.15	5.00	酸度的强弱
滴定酸度（毫升 / 克）	5.99~8.47	7.30	4.71~8.37	6.68	酸度的强弱和性质
脂质量（克 /100克）	14.90~18.40	16.20	12.90~17.90	15.80	醇厚度和风味复杂度
酸值	1.61~4.42	2.58	1.96~8.15	4.28	风味的干净度
蔗糖量（克 /100克）	6.60~8.00	7.68	5.60~7.50	6.30	甜味
SCA 评分（满分100分）	80.00~87.00	83.50	74.00~79.80	74.00	

㊀ 从统计学角度看，此差异不是由偶然或误差造成的。$p<0.01$ 表示结果为偶然或误差的概率小于1%。

㊁ 相关性是一种相互关系，即一个变量的变化会引起另一个变量的变化，用“r”表示，$r=0.6$ 表示存在相关性，$r=0.8$ 表示相关性较强。

pH 越低，酸度越高。滴定酸度、脂质量和蔗糖量数值越高，表明该成分含量越多，风味也就越清晰。酸值越低，表示脂质的变质程度轻，风味更干净。根据这些数值，可以推导出精品咖啡比商业咖啡风味更丰富的结论。

下图显示的是，危地马拉精品咖啡（SP）和商业咖啡的 SHB 级（较高出口品级）、EPW 级（较低出口品级）之间，滴定酸度（总酸量）、总脂量和蔗糖量的比较关系。精品咖啡的各项指标值均高于商业咖啡。

根据理化指标数值对咖啡样本进行风味分析，可以推测出精品咖啡的风味是“具有明亮柑橘果酸、饱满醇厚感和甘甜余韵的优质风味”。

精品咖啡与商业咖啡的理化指标数值差异（生产年份：2019—2020 年）

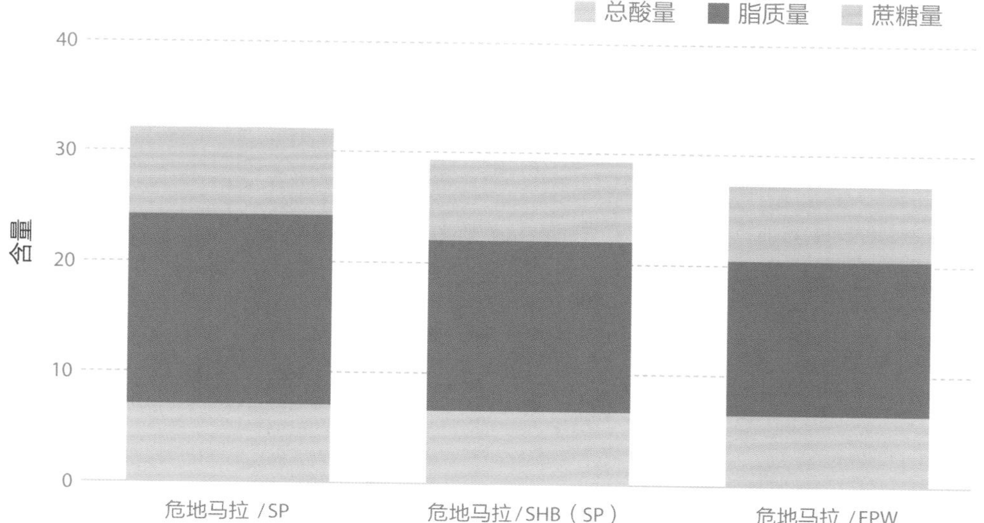

单位：总酸量（毫升 /100 克），脂质量和蔗糖量（克 /100 克）
SHB（较高出口品级），EPW（较低出口品级）

第 6 章　从理化指标数值了解咖啡

1　复杂的咖啡成分

咖啡比其他嗜好性饮料含有更多化学成分，这些成分复杂地交织在一起，产生了酸味、苦味、甜味等味道。了解咖啡生豆和烘焙咖啡豆的成分与风味的关系，将有助于大家深入了解咖啡。在 83 页的表格中，用红色标示出了在烘焙过程中发生显著变化的咖啡成分。

成分分析

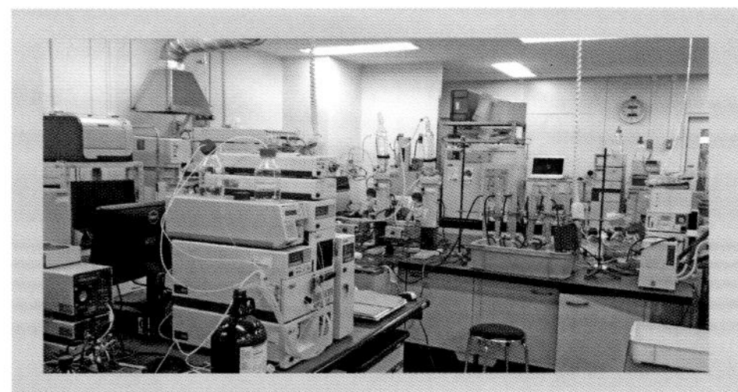

分析仪器

烘焙时，水分和多糖（碳水化合物）的含量会大幅降低；有机酸（酸度的强度和性质）和脂质量（醇厚度和风味复杂度）主导风味的形成；蔗糖（甜味）也会焦糖化，随后与氨基酸发生美拉德反应，产生具有香气的美拉德化合物（类黑精：棕色色素）。

咖啡的复杂风味源于烘焙过程中的成分变化。一言以蔽之，咖啡的风味是由各种成分组合而成的复杂复合体。正是这种复杂性，造就了怡人的味觉感受。

同样，咖啡的香味也十分复杂，据说有 800 种之多。各种香味成分混合在一起，形成一种新的香味，即使对其进行分析，也极难辨别出准确成分，最终只能作出如下评价：复杂的香味令人心情愉悦。

（单位：%）

成分	咖啡生豆	烘焙咖啡豆	特征
水分	8.0~12.0	2.0~3.0	烘焙后大幅减少
灰分	3.0 ~ 4.0	3.0 ~ 4.0	烘焙后基本无变化
脂质量	12.0 ~ 19.0	14.0 ~ 19.0	受海拔等因素影响
蛋白质	10.0 ~ 12.0	11.0 ~ 14.0	烘焙后未见太大变化
氨基酸	2.0	0.2	烘焙后含量减少，转变为美拉德化合物
有机酸	0 ~ 2.0	1.8 ~ 3.0	柠檬酸含量高
蔗糖（低聚糖）	6.0 ~ 8.0	0.2	烘焙后含量减少，转变为甘甜的香气成分
多糖	50.0 ~ 55.0	24.0 ~ 39.0	淀粉、植物纤维等
咖啡因	1.0 ~ 2.0	0 ~ 1.0	对苦味有10% 的影响
绿原酸	5.0 ~ 8.0	1.2 ~ 2.3	影响涩味、苦味
葫芦巴碱	1.0 ~ 1.2	0.5 ~ 1.0	烘焙后含量减少
类黑精	0	16.0 ~ 17.0	棕色色素，影响苦味

2 pH 是酸度指标

咖啡的风味由多种成分组合而成，其中影响力最大的成分要属有机酸。中度烘焙咖啡的 pH[㊀]约为 5.0（呈弱酸性），而法式烘焙咖啡 pH 约为 5.6。从 pH 的变化可知，随着烘焙度的加深，咖啡的酸性减弱了。以下为各类饮品的 pH 参考值：果汁和红酒的 pH 在 3.0~4.0，罐装咖啡和牛奶的 pH 在 6~7，自来水的 pH 在 7.0。pH 超过 7.0 时，液体为碱性。

中度烘焙咖啡萃取液的平均总酸量约为 7.0 毫升 / 克。pH 越低，总酸量越高，酸度也就越强、越复杂。

下表显示了 2020 年采收的危地马拉各地不同品种的样本检测数据。可以看出，这些品种的 pH、总酸量与其酸度特征的关系是符合上述规律的。

危地马拉咖啡的 pH 与总酸量（生产年份：2020—2021 年）

品种	英文	pH	总酸量	风味
瑰夏	Geisha	4.83	8.61	酸度强、风味活泼
帕卡马拉	Pacamara	4.83	9.19	风味活泼、酸味独特
铁皮卡	Typica	4.94	7.69	清爽的柑橘果酸
波旁	Bourbon	4.94	8.03	饱满的柑橘果酸
卡杜拉	Caturra	4.96	7.54	酸度稍弱

㊀ pH 表示溶液中氢离子（H^+）的浓度。氢离子（H^+）浓度高的溶液呈酸性，浓度低的溶液呈碱性。因此，可以通过测量 pH，确定溶液是酸性、中性还是碱性。pH 的范围从 0~14，7 为中性，比 7 越小，酸性越强，比 7 越大，碱性越强。咖啡烘焙程度越深，pH 越高，酸性越弱。中度烘焙咖啡的 pH 在 4.8~5.2，城市烘焙咖啡的 pH 在 5.2~5.4，法式烘焙咖啡的 pH 在 5.6 左右。需要强调的是，pH 与滴定酸度之间未必存在相关性。

3　了解有机酸与风味之间的关系

我们可以从优质咖啡中感受到“清爽的酸度”或“活泼的酸度”等风味。本次作为样本的危地马拉精品咖啡（SP）、SHB 级咖啡、EPW 级咖啡分别源自海拔 1800 米、1400 米和 800 米的生产地区。通常，产地海拔较高、昼夜温差较大，生产出的咖啡 pH 较低，总酸量较高，会呈现出浓郁而复杂的酸度特征。在该样本中，感官评价（SCA 评价法）分数与 pH 呈高度负相关（r=–0.9162），与总酸量呈高度正相关（r=0.9617），标明理化指标数值可以佐证感官评价结果。

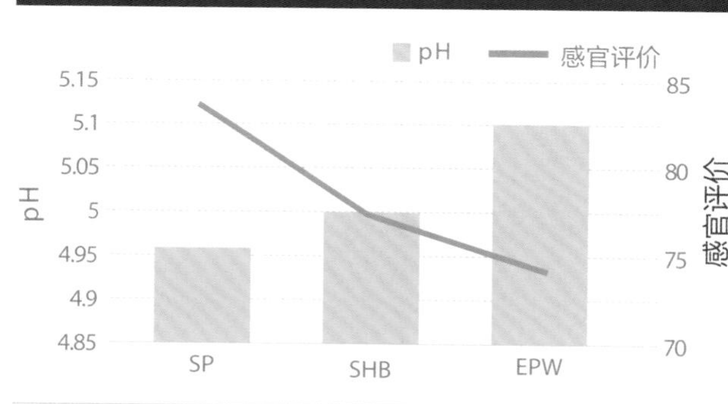

pH 与感官评价的相关性
（生产年份：2019—2020 年）

pH 越低，感官评价分数越高。

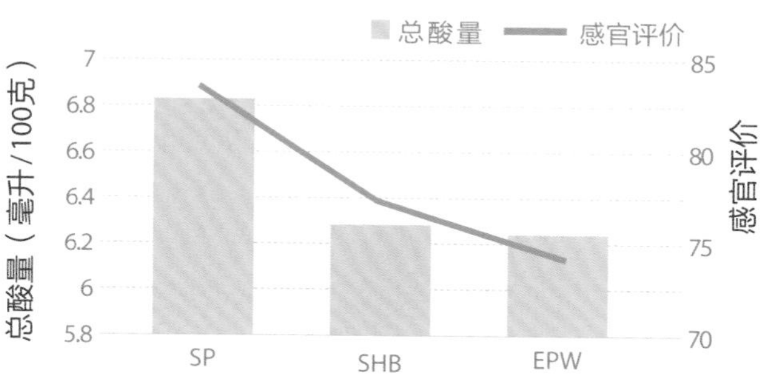

总酸量与感官评价的相关性
（生产年份：2019—2020 年）

总酸量越高，感官评价分数越高。

4 了解有机酸和烘焙度的关系

随着烘焙程度的加深，咖啡中的总酸量会逐渐减少，我们可以感受到，烘焙程度浅的中度烘焙咖啡要比烘焙程度深的法式烘焙咖啡酸味更强。酸度不仅受各产区的地理气候特征和品种特性影响，还受烘焙程度的影响。

下表显示了肯尼亚和巴西的中度烘焙咖啡、法式烘焙咖啡的 pH 和总酸量分析结果。

两个产地咖啡的共性特征是：相较于法式烘焙，中度烘焙咖啡的 pH 更低，总酸量更高，酸度更清晰。分析结果还显示，肯尼亚咖啡与巴西咖啡相比，前者的 pH 更低，总酸量更高，酸度更清晰。

事实上，咖啡的酸度十分复杂，酸度越强并不意味着品质越好，有机酸的类型和构成会影响酸度的性质。咖啡的有机酸包括咖啡生豆里的柠檬酸、醋酸、甲酸和苹果酸，以及由绿原酸变化（烘焙）产生的奎宁酸和咖啡酸。

肯尼亚咖啡与巴西咖啡的 pH 与总酸量（生产年份：2018—2019 年）

类型	烘焙度	pH	总酸量（毫升/100克）	补充
肯尼亚精品咖啡	中度烘焙	4.74	8.18	肯尼亚咖啡属于酸度偏强的咖啡类型
	法式烘焙	5.40	5.29	
巴西精品咖啡	中度烘焙	5.04	6.84	巴西咖啡属于酸度偏弱的咖啡类型
	法式烘焙	5.57	3.65	

具体生产地区分别为肯尼亚的基里尼亚和巴西的塞拉多。

5 有机酸的种类与风味的关系

迄今为止的理化分析和感官评价研究结果表明，当咖啡中的柠檬酸多于醋酸和其他酸时，就可能产生怡人的酸味。

柠檬酸也存在于柑橘类水果中，因此优质咖啡的酸味普遍类似于柑橘果酸。但是，瑰夏和帕卡马拉这两个咖啡品种却有些不同，它们的果酸是桃子或树莓味的，目前尚未明确是哪种有机酸形成了这种果酸味。

肯尼亚咖啡的有机酸构成

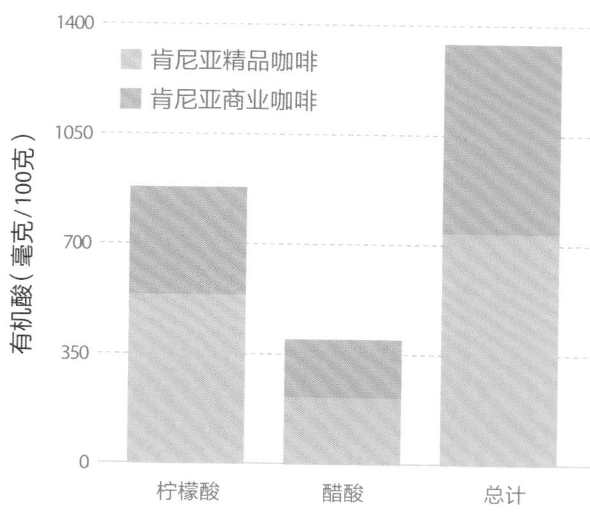

每100克水果可食用部分的有机酸含量

水果	柠檬酸	苹果酸
柠檬	3.0	0.1
橙子	0.8	0.1
葡萄柚	1.1	—
苹果	—	0.5
猕猴桃	1.0	0.2
菠萝	1.0	0.2

分析肯尼亚精品咖啡和商业咖啡中柠檬酸和醋酸之间的关系可知，相较于商业咖啡，精品咖啡中的柠檬酸与醋酸的含量差距更大，故其酸味更怡人。

6　脂质量影响咖啡的醇厚度（口感）

咖啡生豆的脂质含量约为 16 克 / 100 克。咖啡豆中的脂质主要影响醇厚度（口感），而非风味。色拉油比水质感更柔滑，同理，脂质含量高的咖啡生豆在烘焙后，可制出口感细腻柔滑的咖啡。不仅如此，笔者推测脂质还可能会吸附香气（用有机溶剂提取脂质时，能感受到独特香气），从而更加突显风味。

在不同的包装材料和储存条件下，咖啡生豆中的脂质会受温度、湿度和氧气的影响，成分从而发生变化。脂质的氧化（变质）可以通过一个名为“酸值”的数值来判断，如果该数值较高，咖啡就会表现出混浊感，散发出枯草味。

本次的样本是空运而来的新鲜危地马拉咖啡豆，几乎没有氧化。关于酸值的其他研究案例很少，根据实验数据，只要酸值低于 4，就可以认为咖啡生豆非常新鲜。

危地马拉咖啡（生产年份：2020—2021 年）

品种	脂质量	酸值	醇厚度（口感）
瑰夏	16.45	2.68	醇厚饱满、纯净无杂味
帕卡马拉	16.81	2.80	奶油般黏稠、柔滑
铁皮卡	16.20	2.92	丝滑的口感
波旁	15.34	2.86	醇厚感略弱
卡杜拉	15.79	2.82	醇厚感微弱

提取脂质

提取出的脂质

7 了解脂质量和风味的关系

脂质量会影响咖啡的醇厚度，其含量越高，风味越复杂。与酸度一样，脂质量也受各产区的地理气候特征影响，在海拔较高、夜间温度较低的生产地，咖啡树的呼吸作用较为平缓，有利于形成大量脂质。

顺滑感是一种触觉属性，难以通过饮用来准确判别。举例来说，顺滑感可以是丝绸般细腻的感觉，也可以是天鹅绒般柔滑的口感，标准因人而异。

下图显示了危地马拉精品咖啡（SP）和商业咖啡 SHB 级、EPW 级的脂质量与感官评价之间的关系：精品咖啡的脂质含量高，且获得了较高的感官评价评分，与之相比，两种商业咖啡不仅脂质含量低，感官评价的评分也较低。脂质量与感官评价分数之间存在高度相关性（r=0.9996），可以推测，脂质量越高，感官评价分数往往也越高。

脂质量和感官评价的相关性（生产年份：2019—2020 年）

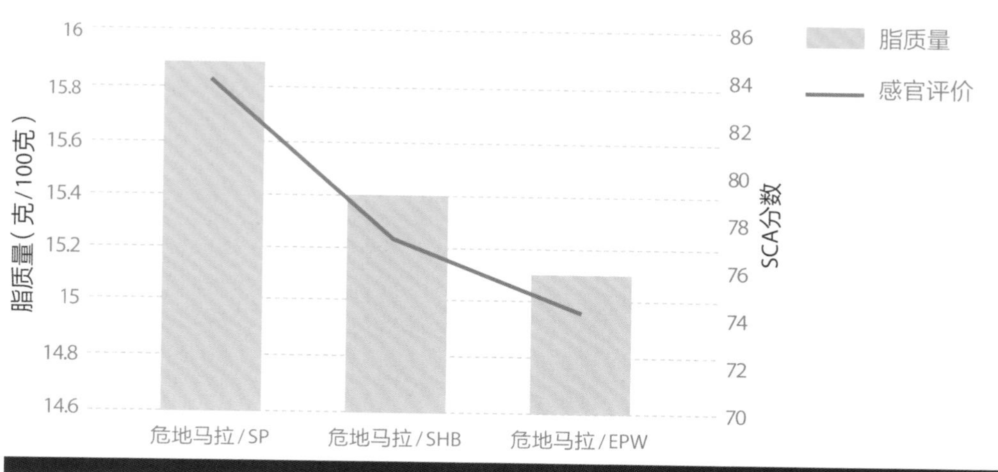

8 了解酸值与风味的关系

脂质一旦氧化（变质），咖啡就会变混浊，并散发出枯草般的异味。

氧化是指脂质在光（紫外线或可见光）、水（湿气）、热量和空气（氧气）的促进作用下，发生的“变化”或“反应”。据说，储存温度每升高 10℃，氧化速度就会增加一倍。因此，咖啡生豆的包装材料和储存温度就显得至关重要。酸值是反映脂质变化（氧化）的指标，表示“中和 1 克油脂中的游离脂肪酸所需氢氧化钾的毫克数”，可以衡量脂肪酸的含量。

抑制氧化最有效的包装材料是真空包装袋，其次是谷物专用袋，麻袋的效果较差。在通过赤道时，常温集装箱的内温会超过 30℃，恒温集装箱（15℃）的保存效果更佳。选择储存仓库时，最好选择恒温仓库（15℃），因为从梅雨季节到夏季期间，常温仓库内的温度会升高。

酸值与感官评价的相关性（生产年份：2019—2020 年）

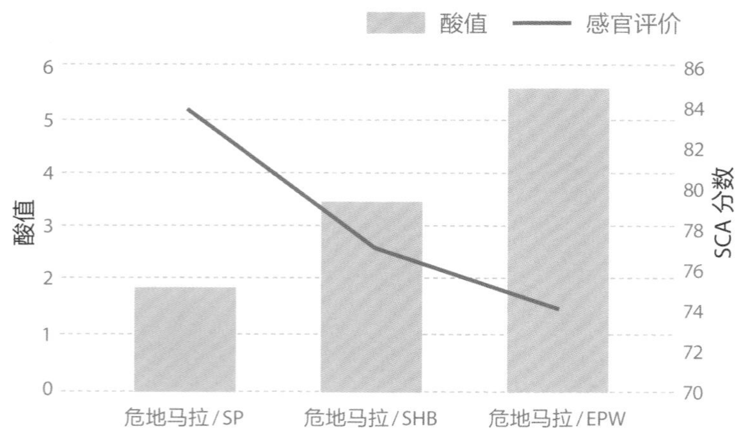

图中的精品咖啡（SP）酸值低、感官评价分数高，而两种商业咖啡则酸值高，且因外观混浊，导致感官评价评分较低。感官评价与酸值呈高度的负相关（r=−0.9652），表明该理化指标数值可以支撑感官评价的结论。

9 氨基酸对鲜味的影响

“五味”这一概念在日本饮食文化中根深蒂固，与中国不同的是，日本人将排列在甜、酸、咸、苦之后的第五种味道称为“鲜味”。海带中的谷氨酸、鲣鱼干中的肌苷酸和香菇中的鸟苷酸都是鲜味来源。日本在建立食品感官评价体系之初，理所当然地将“鲜味”纳入了评价条目，但 SCA 感官评价体系则不然。关于鲜味对咖啡风味影响的研究尚是空白，未来需要更多研究人员投入对该领域的探索。

咖啡生豆富含氨基酸。对危地马拉的瑰夏和波旁品种进行高效液相色谱分析后，在其中发现了构成鲜味的天门冬氨酸、谷氨酸和构成甜味的苏氨酸、丙氨酸。然而，经过烘焙后，这两种咖啡豆中的氨基酸含量均减少了约 98%。

下图显示了危地马拉的帕卡马拉和瑰夏品种的味觉检测结果。在该样本中，鲜味的味觉检测值与 SCA 感官评价分数之间存在较高相关性（r=0.8287），这表明具有鲜味的咖啡豆或许能在感官评价中获得更高的评分。味觉检测结果还显示，相较于日晒法精制，通过水洗法精制的咖啡豆鲜味表现更为强烈。

危地马拉咖啡（生产年份：2020—2021 年）

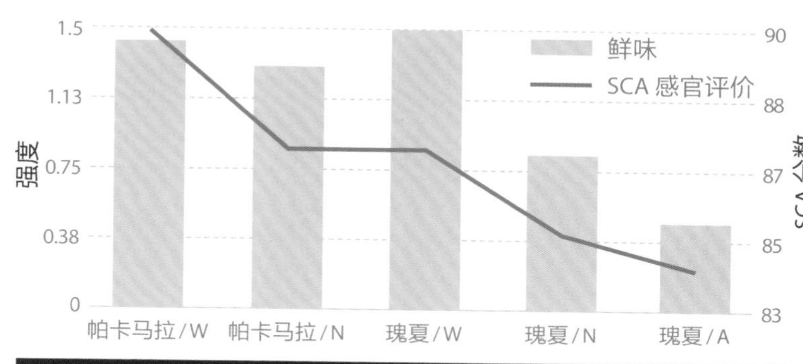

* W= 水洗法精制
N= 日晒法精制
A= 厌氧发酵精制

在该样本中，经厌氧发酵精制的咖啡未检测出任何鲜味。该结果需经后续实验的进一步验证。

10 咖啡因对苦味的影响

随着烘焙程度的加深，咖啡的苦味会越发明显。即便如此，人们也很难通过感官评价，辨别出不同程度烘焙度咖啡之间的苦味差异。这也许就是SCA感官评价表中没有苦味条目的原因。

咖啡因是咖啡中最典型的苦味成分。除了咖啡以外，红茶、蒸青绿茶中也含有咖啡因，它具有提神和助兴的功效。使用10克咖啡粉萃取出的100~150毫升咖啡，其咖啡因含量为60毫克。一般来说，每天摄入3~4杯咖啡是无风险的［根据美国食品药品监督管理局（FDA）标准］。一些指标表明，对于健康的成年人而言，每天摄入约3毫克/千克（体重）的咖啡因不会对健康造成危害，因此200毫克/天的咖啡因摄入量是安全的。

咖啡因对咖啡的苦味贡献率约为10%，故难以被人直观地感知到。

对3种不同烘焙度的巴西和哥伦比亚咖啡进行高效液相色谱分析，结果如93页的第一张分析图所示。法式烘焙咖啡的咖啡因含量低于中度烘焙和城市烘焙咖啡的咖啡因含量，但前者的苦味更浓，由此可以推测，除咖啡因以外，或许还有其他物质参与了苦味的形成。绿原酸内酯（绿原酸在烘焙过程中变化形成的化合物的总称）和美拉德反应产生的类黑精（棕色色素）可能会对苦味产生某种影响，但具体机制尚不明确。

93页的第二张分析图显示了非洲咖啡的高效液相色谱分析结果。在该样本中，日晒法精制咖啡与水洗法精制咖啡相比，前者的咖啡因含量更高。不过，样本之间是存在个体差异的，请注意这一点。

不同产地的精品咖啡中咖啡因的含量（生产年份：2017—2018 年）

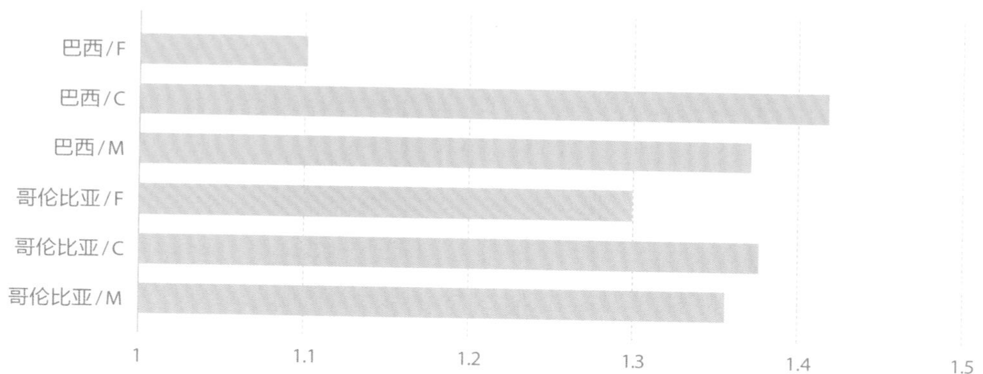

F= 法式烘焙　C = 城市烘焙　M = 中度烘焙

具体生产地区分别为巴西的塞拉多和哥伦比亚的乌伊拉。

不同精制法的精品咖啡中咖啡因的含量（生产年份：2017—2018 年）

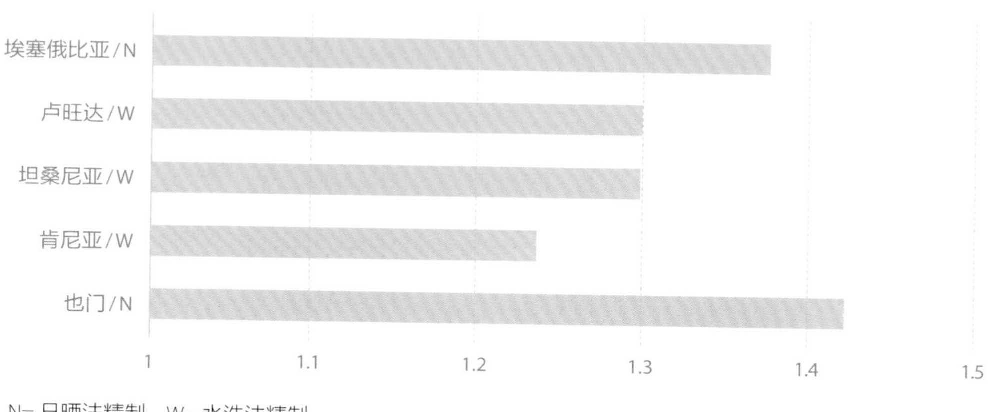

N= 日晒法精制　W= 水洗法精制

11 氨基酸的鲜味与美拉德反应

咖啡生豆中富含的氨基酸会因烘焙而减少。从迄今为止的分析结果来看，烘焙后，咖啡生豆中占比较高的谷氨酸会减少，而天门冬氨酸的占比会增加。

氨基酸的味道

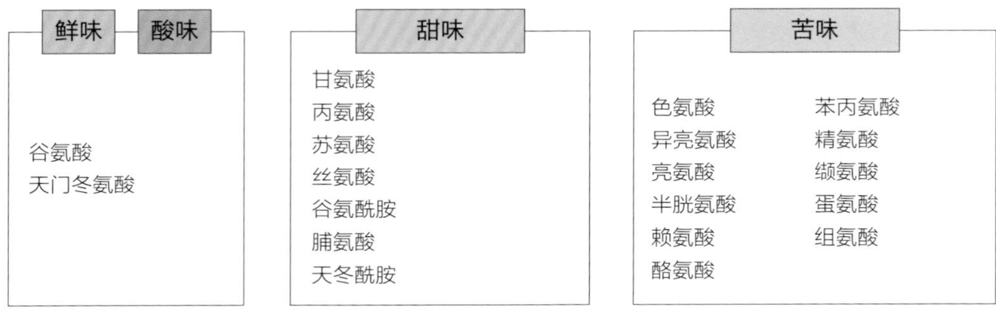

在烘焙过程中，蔗糖会焦糖化，形成甜味化合物。之后，它与氨基酸相结合，通过美拉德反应形成类黑精，并与绿原酸反应生成棕色色素。但是，这一系列变化将如何影响咖啡风味，目前仍尚未可知。

美拉德化合物

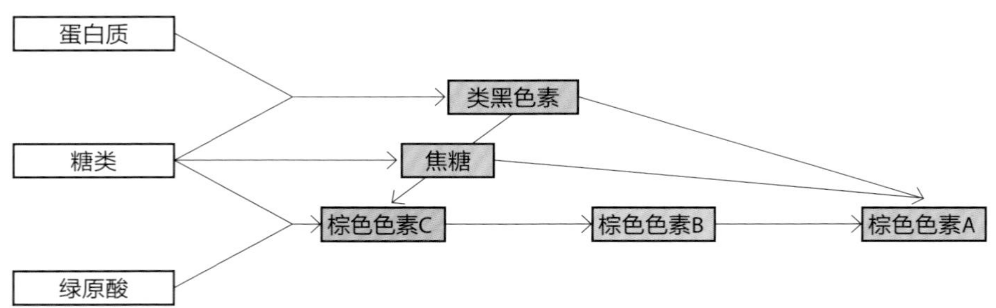

12 味觉检测仪的作用

味觉检测仪主要运用于食品研发，也广泛应用于医药等其他领域。它具有5种传感器，可以检测出前调和余韵等8种味道。其检测值只能表示强度，不能判断成分或品质。

味觉检测仪的使用场景涵盖产品对比、新产品开发等。由于咖啡比其他食品的成分更复杂，难以直接运用味觉检测数据来判断精品咖啡的品质，故需要对数据进行一定处理。在进行了大量的样本分析后，笔者认为可以将味觉检测仪运用（利用酸味、苦味和鲜味传感器）在判断其检测值与感官评价分数的相关性上。

96页的表格显示了根据样本的味觉检测值归纳的酸度、苦味、鲜味和醇厚度数据。样本通过2022年的拍卖会购得，是埃塞俄比亚瑰夏村所生产的瑰夏［品名为“Gesha”，不同于巴拿马生产的瑰夏（Geisha）品种］。样本的拍卖品评分数较高，从89.9~93.5分不等。各样本的味觉检测值上下波动，但仍与感官评价分数之间存在一定相关性（r=0.6643）。

可以根据分析图比较同一风味属性的强度。如我们能判断出2号比7号更酸，但却无法严格比较不同风味属性的强度，如我们无法判定1号的酸度和苦

味觉检测仪的检测范围

传感器	前调	余韵
酸味	酸味（柠檬酸、醋酸、酒石酸）	—
鲜味	鲜味（氨基酸）	鲜味醇厚度（氨基酸）
苦味	苦味杂味（源自苦味物质）	苦味（苦味物质）
涩味	涩味（刺激味）	涩味（儿茶素、单宁酸）
咸味	咸味（氯化钠等）	—

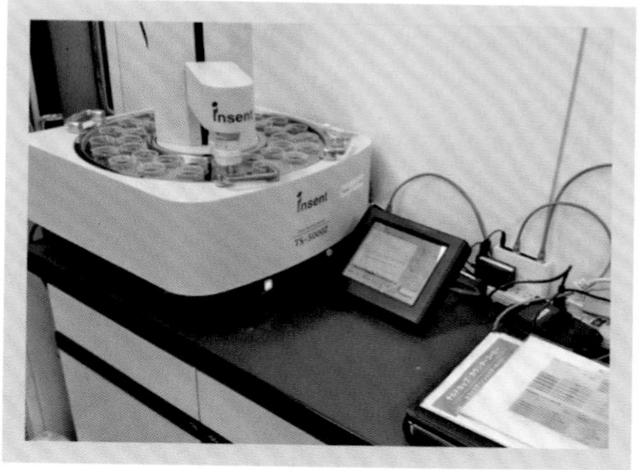

味觉检测仪

埃塞俄比亚咖啡（生产年份：2021—2022年）

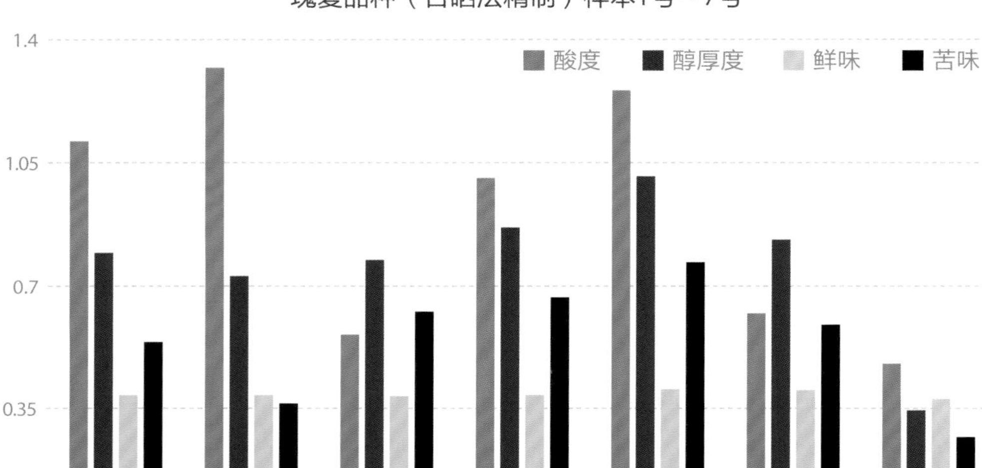

根据迄今为止的实验结果总结出的风味强度规律，可以推断出样本 1、2、4、5 的风味更优。

味，哪一种更强。

尽管如此，我们还是可以借助风味的图形规律推导出风味的品质。

需强调的是，与水洗法精制咖啡相比，日晒法精制咖啡的味觉检测值可能更不稳定。或许是因为它受到干燥状态、发酵等因素的影响。另外，同时对同一品种的水洗法精制样本和日晒法精制样本进行检测时，结果的相关性有时不太明确。

在感官评价方面，咖啡业界对日晒法精制咖啡的品质褒贬不一，尚未达成全球性的共识。因此，其感官评价分数会出现上下波动的情况，进而影响相关性分析结果。

第 7 章 了解咖啡的品质评价方法

1 何为感官评价（品鉴）

由于不同的咖啡之间存在品质差异，必须采用一种客观的方式对其进行评价。感官评价（品鉴）是指依赖五种感官（视觉、听觉、味觉、嗅觉和触觉）对事物体进行评价的一种方法。

感官评价分为两种：一种是基于口味的嗜好型感官评价，即研究消费者的主观偏好，如好喝或不好喝；另一种是分析型感官评价，即从客观角度研究咖啡，如品质的好或坏。

本书所进行的感官评价属于后者，基于既定的方法和评价标准来进行判断，如在比较两杯咖啡风味的优劣时，要考虑到底好在哪里、差在哪里。因此，使用此种评价方法时，需具备相应的咖啡基础知识。

传统的商品咖啡感官评价偏向于寻找缺陷风味，负面评价居多，而精品咖啡感官评价则旨在发掘优质风味，更偏向于正面评价。

这种客观性的感官评价，有利于品质与价格相匹配的健康市场的形成，对于所有咖啡行业人士及消费者来说都是至关重要的。

唯有通过品尝不同的咖啡，了解什么是好的酸度，什么是怡人的苦味等，才能学会感知咖啡的风味。先天性味觉灵敏的人可以说是寥寥无几，对普通人来说，后天的感官评价学习，才是了解咖啡风味的正确途径。

2　生产国的分级和精品咖啡

市面上流通着各种品质的咖啡。正如前文所述，不同的咖啡之间存在品质差异，高品质的咖啡更美味。

生产国通常根据 300 克咖啡生豆中的瑕疵豆数量、颗粒大小、栽培海拔高度等标准对其进行品质分级，作为出口品级标准（见下表）。这些品级标准已经使用了很久，但实际也会出现品级与实际产品不符的情况，如存在许多奎克豆（烘焙后色泽不佳的未熟咖啡豆）或不新鲜的咖啡豆。需要说明的是，这些品级之间并未形成统一的感官评价标准。通常，品级越高，风味就越好，但也出

各产地的出口品级标准

生产国	品级与精品咖啡豆规格
哥伦比亚	特选级咖啡豆（Supremo）大小为 S17以上 上选级咖啡豆（Excelso）大小为 S14~16 特选级咖啡豆的品质更好，但上选级中也有风味出色的咖啡豆
危地马拉	品级由栽培海拔高度决定，价格也相应不同 极硬豆（SHB）栽培海拔1400米以上 硬豆（HB）栽培海拔1200~1400米 稍硬豆（SH）栽培海拔1100~1200米 特优质水洗豆（EPW）栽培海拔900~1100米
埃塞俄比亚	品级由300克咖啡生豆中的瑕疵豆数量决定 G-1（0~3颗瑕疵豆）、G-2（4~12颗瑕疵豆）、G-3（13~25颗瑕疵豆）、G-4（26~46颗瑕疵豆）
坦桑尼亚	品级主要由筛孔尺寸（S）* 决定： AA 级最低要求为 S18的咖啡豆占比90% 以上 A 级最低要求为 S17的咖啡豆占比90% 以上 B 级最低要求为 S15~16的咖啡豆占比90% 以上 C 级最低要求为 S14的咖啡豆占比90% 以上 其他特殊种类如圆豆（PB：珠粒）也非常珍贵

* 筛孔尺寸表示咖啡筛网孔径大小，世界标准尺寸为 1/64 英寸（1 英寸 =25.4 毫米）。

现过低品级、风味好的情况。

各生产国咖啡生豆的品质标准不尽相同，为此，SCAA（现为SCA）针对阿拉比卡水洗精品咖啡，制定了新的“咖啡生豆分级法”和“感官评价方法”，该标准正在逐步达成国际共识。

高品质的咖啡香气浓郁、酸度柔和、醇厚顺滑、余韵甘甜、清透纯净。反之，如果瑕疵豆数量较多，则更容易产生混浊感和杂味。

巴西咖啡豆品级（COB法*）

巴西咖啡有多种分级方法。其中，根据300克咖啡生豆中的瑕疵豆数量进行分级的品级标准分为NY.2~NY.8级，NY.4/5级咖啡豆在日本市场广泛流通。

出口品级	巴西分级法
巴西咖啡豆	NY.2（No. 2）0~4颗瑕疵豆 NY.2/3=5~8颗瑕疵豆 NY.3 = 9~12颗瑕疵豆 NY.3/4 = 13~19颗瑕疵豆 NY.4 = 20~26颗瑕疵豆 NY.4/5 = 27~36颗瑕疵豆 瑕疵豆主要包括黑豆、酸豆（发酵豆）、虫蛀豆、未熟豆、破损豆和带壳豆。 此外还有基于筛孔尺寸等的分级标准

* COB法（巴西官方分级法）

筛网

筛网是测量咖啡生豆大小的工具。在巴西的分级标准中，S18表示咖啡豆无法通过18/64英寸筛孔的咖啡豆，即所有大于该筛孔尺寸的咖啡豆。

分级方式	S20	S19	S18	S17	S16	S15	S14	S13
筛孔尺寸	7.94毫米	7.54毫米	7.14毫米	6.75毫米	6.35毫米	5.95毫米	5.56毫米	5.16毫米

3 SCA 咖啡生豆分级法

咖啡的风味在很大程度上取决于咖啡生豆的品质，每个生产国都拥有自己的咖啡生豆分级标准，但有些时候，高品级咖啡豆也会出现风味不佳的情况，这就使得生产国和消费国在质量标准上出现分歧。

SCA 推出了根据瑕疵豆数量进行分级的“咖啡生豆分级法”，同时创建了包含 10 项评价条目、100 分制的全新感官评价表（杯测表），将评分在 80 分及以上的咖啡归为精品咖啡，评分在 79 分以下的咖啡归为商业咖啡，以此作为区分。不过，这些标准只适用于水洗法精制的阿拉比卡豆。

咖啡生豆分级法以 350 克咖啡生豆作为评价对象，检查其所含瑕疵豆的数量。瑕疵豆分为 1 级瑕疵豆和 2 级瑕疵豆。精品级的标准是不含 1 级瑕疵豆（全黑豆、全酸豆等对风味造成严重损害的咖啡豆），2 级瑕疵豆（对风味没有关键损害的咖啡豆）不得超过 5 个。

其他检查内容还包括，颗粒大小是否为 S14~S18，水分含量是否为 10%~12%。此外，还需取 100 克烘焙后的咖啡豆，检查其是否不含奎克豆（烘焙后色泽不佳的未熟咖啡豆）。

水洗法精制阿拉比卡咖啡生豆分级标准

瑕疵豆

1级瑕疵豆	英文	形成原因及风味
全黑豆	Full Black	掉落到地面后发酵，因感染菌类而变质，具有难闻的发酵味
全酸豆	Full Sour	在发酵槽中形成，成因是未及时去除果肉，具有发酵味
干燥咖啡果	Dried Cherry	干掉的咖啡果，具有发酵味和恶臭
发霉豆	Fungus Damaged	因感染霉菌而受损，通常形成于精制环节，散发难闻的味道
异物	Foreign Matter	树枝、碎石
严重虫蛀豆	Severe Insect Damage	遭受严重虫蛀，形成许多蛀孔，5颗虫蛀豆计为1颗1级瑕疵豆

除严重虫蛀豆外，哪怕只混入 1 颗 1 级瑕疵豆，也无法被评为精品级。

2级瑕疵豆	英文	形成原因及风味
半黑豆（3-1）*	Partial Black	部分感染菌类而变质
半酸豆（3-1）	Partial Sour	部分发酵，散发出发酵味
轻微虫蛀豆（10-1）	SlightInsect Damage	具有虫蛀孔洞，风味不纯净
未熟豆（5-1）	Immature	未熟、银皮粘连、涩味
漂浮豆（5-1）	Floater	干燥、密度低，可漂浮在水面
发皱豆（5-1）	Withered	表面起皱，生长不良
破损豆（5-1）	Broken/Chipped	主要形成于带壳豆脱壳过程
贝壳豆（5-1）	Shell	形状呈贝壳状，内部为中空，生长不良
带壳豆（5-1）	Parchment	带壳豆脱壳不良
外皮、壳（5-1）	Hull/Husk	霉菌、苯酚和馊味

*（3-1）指累计出现 3 颗计为 1 颗 2 级瑕疵豆，（10-1）、（5-1）同理。

即使是熟手，检查 1 项条目也往往需要花费长达 20 分钟的时间。如果样本量较大，分级工作就会耗费大量精力。

瑕疵豆的状态

黑豆 　酸豆 　虫蛀豆

发霉豆 　未熟豆 　漂浮豆

发皱豆 　破损豆 　贝壳豆

咖啡生豆的颜色

新鲜的水洗法精制咖啡豆呈蓝绿色，随着时间的推移，其颜色会经历从绿色变为淡黄色的过程。日晒法精制咖啡豆则为略带黄色的绿色。

4 SCA感官评价（杯测）

SCA使用“杯测”一词来指代感官评价。精品咖啡的感官评价目的包括：①确定不同样本之间的感官差异；②描述和记录样本的风味；③确定消费者的产品偏好。杯测是基于特定风味属性的分析、以往的经验和数值标准来进行评价的一种方法，必须按照规定的方法进行，并且需要具备相关经验。

被评为精品级的咖啡生豆，进行烘焙、萃取后进行杯测。杯测分数在80分（满分为100分）及以上的咖啡会被评为精品咖啡，杯测分数在79分以下的咖啡会被评为商业咖啡。目前，咖啡品质学会通过培养咖啡品鉴师（能够使用SCA感官评价表，对阿拉比卡咖啡进行评价的技术人员），将SCA感官评价体系推向了全世界。在日本，由SCAJ负责推广，并开设了咖啡师品鉴师培训课程。

杯测流程为：对照SCA感官评价表（杯测表），评价并记录10项风味属性：干香/湿香（Fragrance/Aroma）、风味（Flavor）、余韵（Aftertaste）、酸度（Acidity）、醇厚度（Body）、平衡感（Balance）、甜度（Sweetness）、干净度（Clean Cup）、一致性（Uniformity）和总体评价（Overall）。如果哪项风味有缺陷，就在“缺陷（Defects）”栏扣分。评分范围为6~10分，以0.25分为单位进行评分。

6分以下的标准也适用于商业咖啡评价，主要侧重于评价缺陷的类型和程度。

SCA感官评价是专业人士评测咖啡用的，不过，普通消费者也可以用它来了解咖啡风味的优劣。

SCA 感官评价表（杯测表）

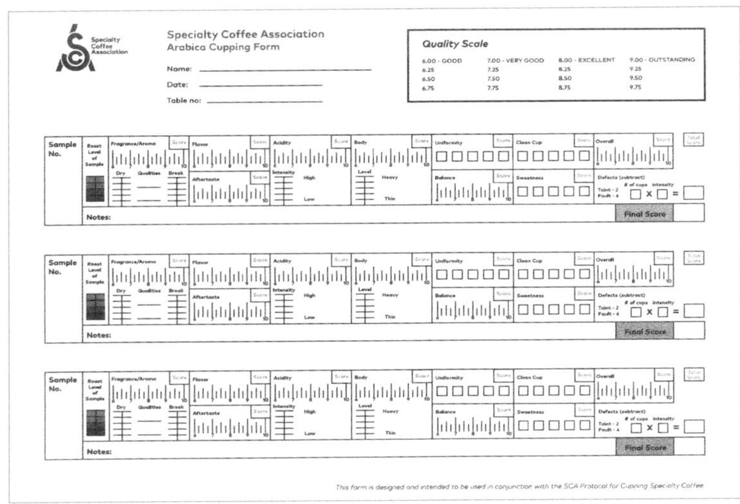

Specialty Coffee Association

Specialty Coffee Association Arabica Cupping Form

Name:

Date:

Table no:

Quality Scale

6.00 - GOOD	7.00 - VERY GOOD	8.00 - EXCELLENT	9.00 - OUTSTANDING
6.25	7.25	8.25	9.25
6.50	7.50	8.50	9.50
6.75	7.75	8.75	9.75

Sample No. | Roast Level of Sample | Fragrance/Aroma Score (Dry, Qualities, Break) | Flavor Score | Aftertaste Score | Acidity Score (Intensity High/Low) | Body Score (Level Heavy/Thin) | Uniformity Score | Balance Score | Clean Cup Score | Sweetness Score | Overall Score | Defects (subtract) Taint - 2 Fault - 4 # of cups × intensity = | Total Score | Final Score

Notes:

Sample No. | Roast Level of Sample | Fragrance/Aroma Score (Dry, Qualities, Break) | Flavor Score | Aftertaste Score | Acidity Score (Intensity High/Low) | Body Score (Level Heavy/Thin) | Uniformity Score | Balance Score | Clean Cup Score | Sweetness Score | Overall Score | Defects (subtract) Taint - 2 Fault - 4 # of cups × intensity = | Total Score | Final Score

Notes:

Sample No. | Roast Level of Sample | Fragrance/Aroma Score (Dry, Qualities, Break) | Flavor Score | Aftertaste Score | Acidity Score (Intensity High/Low) | Body Score (Level Heavy/Thin) | Uniformity Score | Balance Score | Clean Cup Score | Sweetness Score | Overall Score | Defects (subtract) Taint - 2 Fault - 4 # of cups × intensity = | Total Score | Final Score

Notes:

This form is designed and intended to be used in conjunction with the SCA Protocol for Cupping Specialty Coffee

感官评价条目

共有 10 项评价条目。每项 10 分，总分 100 分。如果发现缺陷 *，可以扣分，得出最终评分。

评价条目	内容
干香 / 湿香	从咖啡粉的香气（干香）、倒入热水后产生的香气（湿香）和撇开表面浮渣时散发的气味（湿香）3方面进行评价
风味	味觉体验与口腔、鼻腔感受到的香气组合而成的综合感受，评价方面包括强度、性质和复杂度
余韵	指咽下或吐出咖啡后，咖啡风味在口腔内的持续时间
酸度	通常正面的描述为明亮，负面的描述为尖酸
醇厚度	指液体在口腔中的触感，尤其是舌头和上颚之间的触感。依据口腔中的愉悦感来评价，而非浓淡
平衡感	根据风味、余韵、酸度和醇厚度之间的互融和互补情况来评价
甜度	指甜味，受蔗糖等因素影响。负面的评价可以是酸味
干净度	指在品鉴过程中，从第一口到最后的余韵，都没有负面的杂味和口感
一致性	指各杯之间的风味稳定，保持一致
总体评价	评价者对样本的综合评价

* 缺陷："一般瑕疵"指香气方面的明显异味，而"严重瑕疵"则是风味方面的重大瑕疵，出现这两种缺陷将会被扣分。

5 SCA 杯测协议

SCA 正在制定新的感官评价协议，该协议综合了烘焙咖啡豆的色泽、咖啡粉的研磨度、萃取粉水比和萃取温度等科学因素，而非采用传统的生产国制定的品质标准或消费国进口商和咖啡烘焙商自有的品质标准。

杯测协议的部分内容

器具	使用钢化玻璃杯或陶瓷杯
烘焙时间	烘焙时间控制在8~12分钟。烘焙结束后，立即将烘焙咖啡豆暴露在空气中冷却，冷却完毕再装入密闭容器，存放在阴凉避光处（标准温度20℃）
烘焙度	烘焙度为中度烘焙度（对比 SCA㊀色卡，进行烘焙色值判定）
实施评价	烘焙完成后，将咖啡豆放置8小时，在24小时㊁内完成对其的评价
样本制作	按8.25克咖啡粉兑150毫升水的比例，制作5份评价样本
咖啡粉研磨度	咖啡粉颗粒比咖啡滤纸的孔隙稍大
准备工作	对每种咖啡豆单独称重，在杯测即将开始之前进行研磨，并在15分钟内倒入93℃热水萃取。将热咖啡倒入咖啡杯中至满，静置4分钟后开始评价

㊀ 烘焙色值根据 SCA 色卡（SCA Agtron Roast Color）判定，相当于日本的中度烘焙。色卡可以在 SCA 的官方店购买。

㊁ 个人练习时，可不必遵守 24 小时评价的方法，可在咖啡豆烘焙 2~3 天后进行评价，此时咖啡更易形成风味。

6　SCA 杯测流程

全世界的咖啡进出口商、生产庄园、咖啡烘焙商等咖啡业内人士，大多按照下表 SCA 杯测流程进行杯测。在第 5 阶段，需使用勺子搅拌 3 次，在操作时注意不要扬起已沉入底部的细粉。随着经验的积累，评分能力也会随之提高。堀口咖啡研究所的品鉴研讨会所开展的感官评价流程如下表左列所示。

杯测流程

步骤序号	SCA杯测流程	堀口咖啡研究所的感官评价流程
1	将样本烘焙至中度烘焙度	使用松下牌 The Roast 烘焙机进行烘焙
2	每种样本准备5杯待检	准备3杯待检
3	将样本研磨成粉末，嗅闻香气	选择中粗研磨度研磨，嗅闻香气
4	倒入93℃热水，嗅闻香气	嗅闻2~3次香气
5	4分钟后，撇开表面浮渣，嗅闻香气	在撇开浮渣的同时，嗅闻香气
6	去除表面浮渣	仅去除浮渣
7	当样本温度低于70℃时，使用杯测勺品鉴风味	可饮用，也可吐出
8	填写杯测表格	记录和比较

图片只有部分流程。

7 SCAJ 感官评价

首届卓越杯拍卖会（见 66 页）于 1999 年举办。2003 年创立的 SCAJ 沿用了该比赛所使用的杯测表，并在其举办的初级和中级杯测研讨会上，使用了该比赛的感官评价方法。

本书所运用的是基于 SCA 感官评价体系的感官评价。

SCAJ 感官评价包含 8 个评价维度，每项最高分为 8 分，合计 64 分。具体评价条目包含：风味、余韵印象、酸质、口感、平衡感、干净度、甜度和综合评价。因该评价法采取百分制，故还需在上述评分基础上再加 36 分，得出最终总分[㊀]。0~5 分区间内以 1 分为单位，6~8 分区间以 0.5 分为单位进行评分。

SCAJ 感官评价标准

风味	味道和气味，描述为“花香”或“水果风味”
余韵印象	喝下咖啡后，口腔中残留的风味感受。描述为“持久的甜味感受”或“出现刺激性、令人不适的感觉”等
酸质	评价酸味的性质，而非强弱。围绕明亮、清爽、细腻等酸味感受进行评价
口感	评价侧重于口腔触感的黏稠、密度、浓度和顺滑度，而非强弱
平衡感	风味是否和谐？是否突兀？是否有所欠缺？围绕这些方面开展评价
干净度	评价风味的干净程度，观察是否无异味或是否有风味缺陷 / 瑕疵
甜度	以咖啡果采收时的成熟度和甜味为评价对象
综合评价	风味是否有深度？风味是否复杂和立体？风味是否单一？是否符合评价者的口味？围绕这些方面开展评价

㊀ 根据最终总分确定品级：85~89 分为顶级精品咖啡；80~84 分为精品咖啡；75~79 分为高级商业咖啡；69~75 分为商业咖啡；68 分及以下为低级商业咖啡。

挑选咖啡杯 1

咖啡杯种类多样，它无标准分类定义，容量有大小之分，一般分为以下几种。除马克杯外，其他类型的咖啡杯均附有杯托。

咖啡杯容量

咖啡杯种类	英文	容量 / 毫升	特点
马克杯	Mug	250~350	呈圆筒形，尺寸大，杯壁厚，有无杯柄皆可
普通杯	Regular	150~180	大多带有杯柄，搭配杯托使用。主要根据饮用咖啡的浓度来选择容量大小
小咖啡杯	Demitasse	80~100	
浓缩咖啡杯	Espresso	40~60	

各种各样的马克杯

挑选咖啡杯 2

就个人而言，笔者比较偏爱使用薄质的白瓷咖啡杯，有助于感受咖啡的细腻风味。常用的是皇家哥本哈根（丹麦）、古斯塔夫斯贝格（瑞典）和罗森塔尔（德国），以及有田烧（日本佐贺县）的瓷杯。另外，笔者还喜欢使用复古（1950 年左右）风格的北欧瓷杯。每天使用不同的咖啡杯饮用咖啡，也不失为一种享受。

日本 1920—1960 年时期的复古咖啡杯

◀ 皇家哥本哈根咖啡杯

北欧风格的古斯塔夫斯贝格咖啡杯 ▶

咖啡树的花

咖啡果

第 3 部分
挑选咖啡豆

正如第 2 部分所述，咖啡的品质参差不齐。若想了解咖啡的风味，就要先从挑选、品尝风味优异的咖啡开始。不过，咖啡种类繁多，令人眼花缭乱，无从下手。因此，与其盲选，不如依据明确的标准来选择，反而有助于我们更快地理解咖啡的风味。本部分将围绕①精制方法；②产地；③品种；④烘焙度这 4 个方面，讲解高品质咖啡的挑选重点。在购买优质咖啡时，应尽量选择信用评分高的商店，以降低试错成本。

第 8 章　根据精制方法挑选咖啡豆

1　何为精制

精制是指去除咖啡果的果肉和内果皮，将其种子（咖啡生豆）加工成更适合运输、储存和烘焙的咖啡生豆的过程。精制主要分为两种类型：水洗法（湿法）和日晒法（干法）。精制是影响咖啡风味的重要因素，不同的精制方法会使咖啡形成不同的风味。除上述两种方法，还有一种方法叫作“半日晒法”（哥斯达黎加称之为“蜜处理”）。生产者一般会根据当地的地形、水源情况和环保政策等来选择适宜的精制方法。

笔者认为，精制的重点在于确保每道工序中咖啡豆含水量的稳定，抑制微生物（酵母菌、霉菌等真菌和醋酸菌等细菌）所引起的发酵味。

咖啡果

各种精制方法的差异

	水洗法 /Washed	半日晒法 /Pulped Natural	日晒法 /Natural
去除果肉	去除	去除	不去除
咖啡果胶[一]	在水槽中完全去除	通常不去除	不去除
干燥、脱壳	将带壳豆[二]干燥处理后脱壳	将带壳豆干燥处理后脱壳	将咖啡果干燥处理后脱壳
产地	哥伦比亚、中美洲各国、东非	巴西、哥斯达黎加等	巴西、埃塞俄比亚、也门

㊀　咖啡果胶：附着在内果皮表面的黏稠、糖化胶状物质。

㊁　带壳豆（内果皮）：覆盖在咖啡种子上的浅棕色表皮，也叫内果皮。

2 水洗法精制

水洗法（Washed）精制的主要过程为：首先去除咖啡果的果肉，然后发酵内果皮上附着的咖啡果胶（黏稠糖质），最后整体进行漂洗和干燥。其包含两道工序：湿处理（从去除果肉到干燥）和干处理（从脱壳到筛分）。

埃塞俄比亚、卢旺达和肯尼亚等东非国家的小农户采收完咖啡果后，会将其送往被称为“水洗处理站”的湿处理厂（水洗加工厂）。

哥伦比亚等国家的小农户使用小型果肉分离机，而东帝汶的小农户则使用手动装置来去除咖啡果的果肉。去除果肉后，把剩余部分放入水槽，使咖啡果胶自然发酵，并用水清洗干净，然后将湿润带壳豆置于太阳下晒干，再送往干处理厂脱壳，并按比重或大小进行筛分。

在采收阶段，仅采摘完全成熟的咖啡果。由于咖啡果肉隔夜会发酵，需在当天使用果肉分离机去除果肉。在这一阶段就要将未熟咖啡果挑拣出来。随后，用水渠将附着果胶的带壳豆运输至发酵槽（有加水发酵或不加水发酵两种做法），让咖啡果胶自然发酵（如果室外温度较低，比如在中美洲海拔约1600米的地区，发酵大约需要36小时），然后彻底漂洗。发酵时间过长，可能会导致发酵的臭味附着到咖啡种子上。

采摘咖啡果

将咖啡果运往堆集场

咖啡果胶[㊀]被酶和微生物分解，所产生的酸、糖醇（一种糖类）等物质会影响咖啡风味。

利用水渠将湿润带壳豆转移到干燥场，分散铺在混凝土、砖块或网架上，晾晒一星期左右，将其含水量降至 12%。每天翻耙数次。干燥过度会导致开裂豆和破损豆增多。相反，干燥不足则会面临微生物导致的变质和发霉风险，也会导致咖啡生豆的品质降级。

收集咖啡果

用果肉分离机去除果肉

在发酵槽中去除咖啡果胶

在干燥场进行干燥

㊀ 咖啡果胶由 84.2% 的水分、8.9% 的蛋白质、4.1% 的糖、0.91% 的果胶和 0.7% 的灰分等组成。

为保持均匀的含水量，避免干旱的威胁，要将带壳豆储存在筒仓或仓库中，使用脱壳机对其脱壳，并制成出口咖啡生豆。带壳豆约占咖啡果重量的24%，脱壳后的咖啡生豆，重量占比变为19%。由此可知，10千克咖啡果最终可制成约2千克咖啡生豆。

随后，咖啡生豆会经历比重筛分、筛网筛分、电子筛分及手工挑拣等多道筛分工序[㊀]。大多数咖啡生豆的颜色为蓝绿色至绿色，表面干净，鲜有银皮附着。经过适当精制处理的咖啡生豆酸味出众，风味干净、无杂味。

地处山坡、干燥场地受限且水源充足的生产地区，主要采取水洗法精制咖啡生豆。不可否认的是，去除果肉后所排放的废水中含有微生物，或许会造成环境污染。不仅如此，废弃果肉还会发酵产生臭味。因此，哥斯达黎加等一些国家也采取了诸如设置废水净化池等措施来应对这一情况。

有时会在最后一步对咖啡生豆进行人工挑拣（上图），并将其储存在仓库（下图）或筒仓中，以稳定含水量

日晒干燥

㊀ 筛网筛分 = 按大小筛分；比重筛分 = 按重量分拣；电子筛分 = 按颜色筛分。手工挑拣 = 人工去除瑕疵豆。

东帝汶小农户的咖啡精制过程

采收咖啡果，筛除未熟的咖啡果，水洗去除杂质。

使用手动型果肉分离机去除咖啡果的果肉，将带壳豆浸泡在水中发酵。当地海拔较高、气温较低的气候条件，不利于咖啡果胶发酵，因此需要通过手工冲洗去除咖啡果胶。

带壳豆经过干燥处理后被送往位于帝力市的精制工厂，进行脱壳称重。

最后，咖啡生豆被装入麻袋，堆放在集装箱中运输出口，送往进口国海关港口仓库。

3 日晒法精制

日晒法（Natural）是直接将咖啡果晒干脱皮，制成咖啡生豆的方法。采用日晒法这种传统精制法的生产国有巴西、埃塞俄比亚、也门等。亚洲地区的咖啡生产国和坎尼弗拉咖啡的生产国也施行此法。在中南美地区，日晒法则用于加工低级咖啡豆。

在巴西广阔的土地上，大型庄园使用大型机械采收咖啡果，而中型庄园则是人工采收——将果实连同树叶一起剥落，使其掉落到地垫上，这两种方法都有很大概率导致未熟果实混入。

日晒法大国埃塞俄比亚曾深受咖啡品质低下问题的困扰，原因就出在精制方法上。为此，他们采取了相应措施来提升咖啡品质：在咖啡果采收阶段就手工挑拣出未熟的果实，并使用电子筛分机对咖啡生豆进行筛分，最后再实施一次手工挑拣，以保证咖啡产品达到 G-1 品级，这种做法已在该国得到推广普及。

从 2010 年开始，以巴拿马为代表的中美洲，开始挑战使用日晒法加工生产高品质咖啡。初期，由于日晒过程中酒精发酵的臭味过于浓烈，生产出的咖啡风味并不理想，但这种情况在后续逐渐得到改善，生产者最终研制出了风味干净的咖啡。自 2015 年起，日晒法甚至被运用到瑰夏品种咖啡豆的生产上。

根据质检标准，上述发酵味本应属于咖啡的变质风味，但近来越来越多的咖啡业内人士却将其误认为是水果风味。

这种误解使日晒法精制咖啡获得了更多消费者的关注，但发酵味毕竟是精制过程中产生的变质风味，在该类产品流入市场前，需对其进行专业且到位的品质鉴定。

干燥中的咖啡果

干燥后的咖啡果

4　日晒法比水洗法更易彰显风味特征

由于在干燥过程中受到微生物影响，日晒法精制咖啡往往伴有发酵的臭味。不过，从 2010 年起，随着低温阴干式干燥法的逐渐流行，日晒法精制咖啡的品质得以提高，风味也变得更加多样化。虽然目前尚无针对日晒法精制咖啡的国际质量评价标准，但笔者认为这种咖啡不带酒精味，呈现出的红酒和水果风味都很不错。

随着精品日晒咖啡的诞生，越来越多推行水洗法的咖啡生产国，也开始尝试这种耗水量更少、对环境更友好的精制方法。

目前，就日晒法精制咖啡而言，巴拿马产的咖啡豆与埃塞俄比亚 / 也门产的咖啡豆之间是存在风味差异的，在深入学习前，首先需要了解这一点。

下表显示了埃塞俄比亚和也门的优质日晒咖啡（城市烘焙）的感官评价和味觉检测结果。

埃塞俄比亚与也门的日晒咖啡差异（生产年份：2019—2020 年）

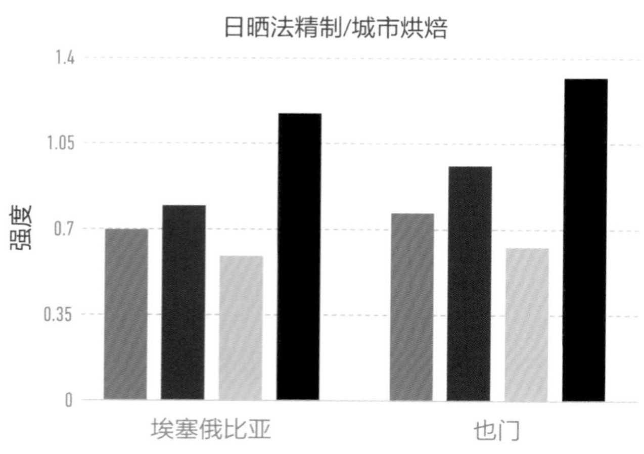

酸度　醇厚度　鲜味　苦味

这两种咖啡均在 SCA 评价中获得了 90 分的高分。味觉检测结果表明，两者的风味强度规律较为相似，但感官评价却显示出截然不同的结果。两种咖啡均无发酵味，带有些许果酸味，风味干净、无杂质。埃塞俄比亚咖啡带有蓝莓果酱风味，也门咖啡则带有树莓巧克力风味。

5 巴西的3种咖啡精制法

将咖啡果倒入水中，过熟的咖啡果会浮起，成熟的咖啡果和未熟的咖啡果会下沉。用日晒法处理过熟咖啡果，将沉底的成熟的、未熟的咖啡果放入果肉分离机。未熟的咖啡果的果肉较硬，无法被机器去除，因此可被筛选出来，改用日晒法处理。经过这几道工序，可将未熟咖啡果剔除出去，降低瑕疵豆的混入概率。

半日晒法是直接将去除果肉的成熟带壳豆进行干燥的精制法。用这种方式制成的咖啡生豆保留了咖啡果胶。2010年左右，巴西卡尔莫德米纳斯的生产者使用半日晒法生产了一款咖啡生豆，在卓越杯拍卖会上获得了高度评价。此后，争相效仿的生产者开始变得越来越多。需要说明的是，消费者很难根据外观辨别日晒法和半日晒法制成的咖啡豆，也难以从感官上区分两者的风味。

除半日晒法之外，还有一种半水洗法——将去除果肉的带壳豆放入圆筒形机器，利用旋转作用刮除其咖啡果胶，最后置于阳光下晒干或使用烘干机烘干。与日晒法和半日晒法相比，半水洗法精制成的咖啡豆风味干净，酸味更强。

不过，就市面上流通的巴西咖啡生豆而言，消费者往往难以区分半日晒法和半水洗法的产品。

清洗咖啡果胶所形成的废水会造成环境污染，一些生产者会配套建设储水池，通过沉淀残留物来减少污水流入河流。

巴西生产者所使用的咖啡果加工机，可用于去除异物及水洗

日光晾晒带壳咖啡豆

日晒法的阴干工序

半日晒法的干燥工序

巴西的不同精制咖啡之间的总酸量（滴定酸度）差异

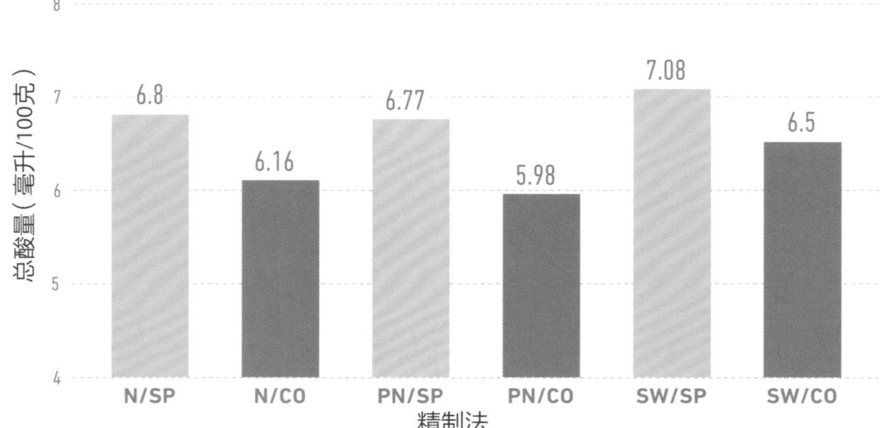

上图显示了运用 3 种精制法制成的精品咖啡（SP）和商业咖啡（CO）的总酸量检测值。每个样本都取自 4 种不同庄园的咖啡。分析数据可知，半水洗（SW）咖啡的总酸量高于日晒（N）和半日晒（PN）咖啡。不论精制方法，精品咖啡的总酸量均高于商业咖啡，两者之间具备差异显著性（明显差异 / 非偶然统计差异，p<0.01）。

6 哥斯达黎加的蜜处理法

哥斯达黎加的蜜处理法工艺为：在咖啡果采收后的24小时内去除其果肉，再将带有咖啡果胶的带壳豆在日光下晾晒至含水量为12%。这种方法在高海拔地区的小型处理站广泛使用，干燥过程大约需要花费14天时间。当然，根据当时的天气条件，有时也会使用烘干机干燥。

蜜处理法与半日晒法的操作基本相同，但前者可通过机器控制咖啡果胶的去除率。根据去除率的不同可分为多种蜜处理法。去除90%~100%果胶的是白蜜处理法，去除50%果胶的是黄蜜处理法，保留大部分果胶的是红蜜处理法和黑蜜处理法。咖啡果胶上附着许多微生物，会在发酵过程中进行新陈代谢（在生物体内发生的化学反应），于是，某种风味就此产生。

笔者从哥斯达黎加的互联网拍卖会购入生产年份为2021—2022年、采用不同蜜处理法制成的瑰夏品种咖啡豆，并以这些咖啡豆为样本，对其进行味觉检测，得出如122页下图所示结果。

因样本出自不同生产者之手，故并不能实现严谨对比，但明显可看出，不同的精制方法确实造成了风味上的差异。

这几种样本在拍卖会上的品评分数均很高，分别为：白蜜咖啡豆93.26分，黄蜜咖啡豆89.59分，红蜜咖啡豆90.68分，黑蜜咖啡豆92.16分，日晒咖啡豆93.25分。然而，味觉检测结果却显示，样本间的酸度不一，且感官评价分数与味觉检测值之间未见相关性（r=0.2449）。这可能是因为不同精制咖

小型处理站的日光晾晒

果肉分离机

啡豆的微妙风味差异，人类难以感知或难以被检测仪器的传感器所捕捉。

个人认为，越优质的咖啡豆越适合白蜜处理法，因为该方法与水洗法相近，所制成的咖啡具有干净细腻的风味。然而，现实却是，生产者们往往需要提供各种不同种类的精制咖啡豆，以满足美国咖啡烘焙商等的多元化需求。

哥斯达黎加的咖啡种植场

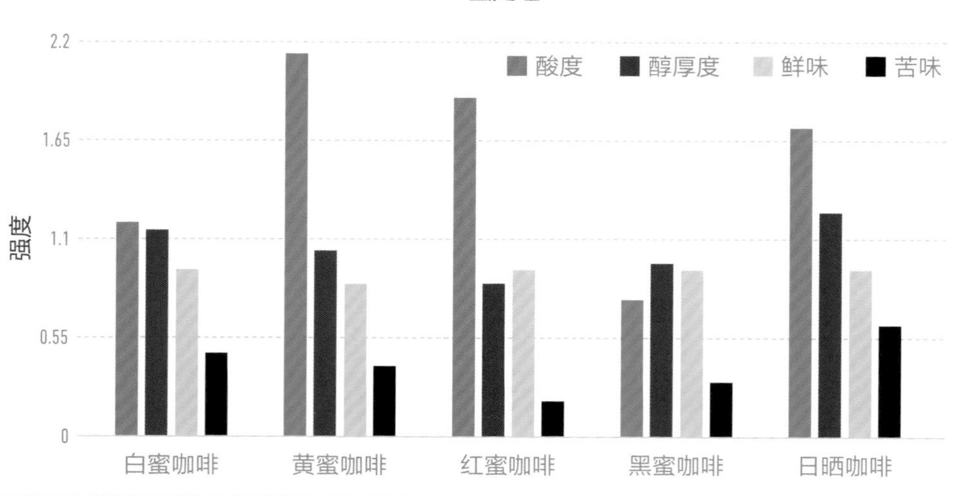

7 苏门答腊式精制法

苏门答腊岛雨量充沛，这里的咖啡生产者采取的传统精制方法是：在短时间内完成咖啡生豆的干燥。苏门答腊的曼特宁咖啡历史悠久，深受人们喜爱。

苏门答腊北部的小农户使用小型手动器具去除咖啡果的果肉，干燥半天后（干燥之后的湿润带壳豆的含水量为30%~50%），将湿润带壳豆装入麻袋储存并售卖给中间商。因为带壳豆表面仍带有咖啡果胶，在短暂储存期间，其中的微生物会代谢糖、酸和其他化合物。

随后，附着咖啡果胶的湿润带壳豆被送往工厂脱壳，形成咖啡生豆，并干燥约10天。之所以采取这种精制方式，是因为苏门答腊岛雨水充沛、环境潮湿，不利于干燥。不仅如此，水分含量高的咖啡生豆在干燥过程中也会产生某些影响风味的变化。或许这就是苏门答腊咖啡独特风味的由来吧。

笔者对林东产区的曼特宁精品咖啡和商业咖啡（品级：G-3）进行感官评价，结果如124页的表所示。

使用手动型果肉分离器（上图）剥去果肉（中图），将带壳豆浸入水中去除杂质（下图）

曼特宁的原生种咖啡带有清晰的柑橘酸味，散发出青草、香草等香气，其纤维质柔软，一年中风味变化显著。而苏门答腊的高产咖啡品种——卡蒂姆系品种［如阿腾（Ateng）］则酸度较弱，风味偏重。根据以上特征可以将二者明确区分开来。

苏门答腊岛林东地区的咖啡（生产年份：2019—2020 年）

精品咖啡酸度较强，醇厚浓郁，咖啡生豆的新鲜度未降级，与商业咖啡有明显的风味差异。

种类	pH	脂质量（%）	酸值	感官评价	SCA 分数
精品咖啡	4.8	17.5	3.6	口感顺滑 / 柠檬酸 / 芒果甘香 / 青草 / 柏树 / 杉树 / 森林香气	90
商业咖啡	5.0	16.0	7.8	无酸味 / 泥土味 / 混浊感强	68

苏门答腊小农户的带壳咖啡豆的干燥工序

苏门答腊生咖啡豆的手工挑拣

未修剪打理的咖啡树

曼特宁咖啡生豆

8 精制和发酵

采摘后的咖啡果会受到微生物（酵母菌会将糖分解成酒精和二氧化碳）等因素的影响而产生变化。微生物一进入果实，就会立即开始代谢其中的糖和酸。这一过程会一直持续到干燥结束，即咖啡果的含水量降至11%~12%为止，期间会产生异味，果肉被去除后，会产生相当强烈的发酵味。

日晒法的干燥时长因日照、温度、晾晒平台类型（混凝土地面或下方通风的干燥床）以及翻耙与否而异。相较于水洗法，日晒法的干燥所需时间更长，会面临腐坏、过度发酵和发霉等潜在风险，对操作要求更高，也需付出更多劳动。

在水洗法精制中，如果混入过熟咖啡豆、果肉去除不及时，又或者在发酵槽中放置过久，也会导致发酵味的产生。

巴西、埃塞俄比亚等地区生产的日晒商业咖啡豆，通常带有难闻的发酵味，源自精制过程中的不当处置。这些发酵味包含果肉的发酵味、乙醚味、酒精的发酵味和刺激性气味，这些都是异味（缺陷风味）。

不过，自2010年起，日晒法的干燥工艺水平有所提升，制出的精品咖啡具有优质的水果和红酒风味。

在品鉴日晒法精制咖啡时，要学会辨别发酵风味的好坏，这一点尤为重要。

日晒法

半日晒法

日晒法精制咖啡的发酵风味

2010 年以来，埃塞俄比亚、也门和中美洲的国家相继诞生了优质的日晒法精制咖啡。日晒法精制咖啡通常比水洗法精制咖啡更具特色，在追求新风味的风潮下，业界对日晒法精制咖啡的评价标准也变得越发模糊。

优良的日晒风味	劣质的日晒风味
细腻的红酒味、微弱的日晒味，以及西梅干、树莓、巧克力的味道	果肉的发酵味，酒精的发酵味、乙醚气味、味噌风味、发酸的红酒味，以及樟脑、石油、油腻气味

埃塞俄比亚产区的西达摩咖啡和耶加雪菲咖啡（生产年份：2019—2020年）

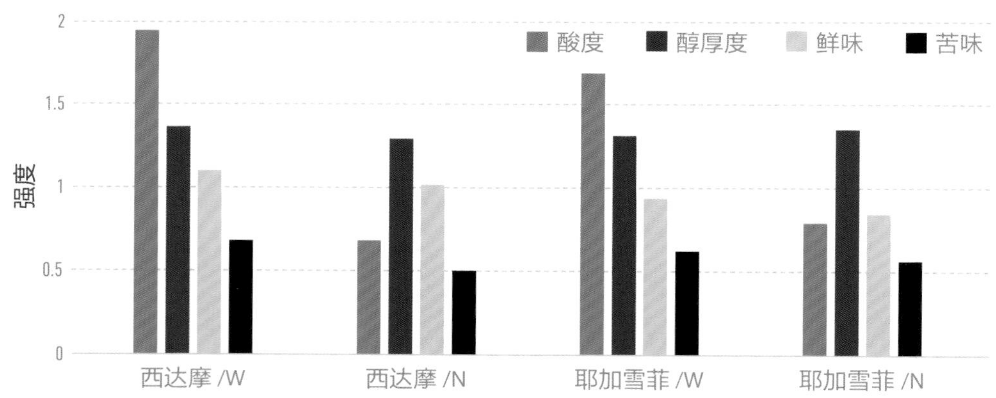

W= 水洗法精制　N= 日晒法精制

图中显示为西达摩和耶加雪菲生产的水洗、日晒咖啡的味觉检测结果。这 4 种咖啡非常出色，在笔者的感官评价（SCA 评价法）中得分均超过 85 分，属于精品咖啡，风味十分优异。在酸度方面，水洗法精制咖啡要高于日晒法精制咖啡。后者虽带有细微的发酵味，但属于果香，因此笔者将其评为优质级。味觉检测值与感官评价分数之间存在相关性（$r=0.9740$），可以证实感官评价的真实可靠性。

9 厌氧发酵

很多人都不知道咖啡其实是一种发酵食品，事实上，咖啡的精制过程必然伴随某种物质的发酵。一些发酵在有氧的条件下进行，被称作“有氧发酵”，简单来说，就是由只能存活于有氧环境中的微生物所进行的发酵。另一方面，“厌氧发酵”指的是能在无空气（氧气）的环境下活动的微生物所进行的发酵。

发酵是一把双刃剑。如何利用好发酵？这是一个非常重要的咖啡风味研究课题。

咖啡果经采摘后，在产地的酵母菌和其他微生物的作用下，仅放置一天就会产生发酵味。咖啡种子一旦染上这种气味，就会被评价为有缺陷风味。在傍晚采摘的咖啡果，就需要谨慎地做好管理工作，要在当晚去除果肉等。

不过，一些生产者正在开展各种实验，尝试利用酵母菌等微生物对咖啡果进行厌氧发酵，以获得不同于传统的全新风味。

如果将咖啡视为一种发酵食品，那么这种做法也是合理的。与此同时，此举也引发了质疑。其最大的问题在于，这些被“发掘”出来的特殊风味，会掩盖产地的地域特色，让“品种”概念失去意义。

下面列举一系列厌氧发酵的相关案例。

①将咖啡果放入密封桶（油桶大小的桶）中，通过气阀抽干桶内空气，待

咖啡果密封桶

咖啡果在桶内发酵

酵母菌自然增殖后，再进入干燥工序。这是最常见的厌氧发酵方法，但由于缺乏对酵母菌种类等因素的科学分析，难以达到稳定的风味，且缺乏大型设备，导致无法大规模生产。

②还有一种方法是将从咖啡果中提取的酵母菌进行人工培养，再把该种酵母菌的培养物加入①的密封罐中进行发酵。

③有时也会添加其他种类的酵母菌（如面包酵母等），甚至是乳酸菌，运用这种人为过度干预的方式生产出的咖啡豆，会被认定为二次加工品。

④模仿红酒酿造法——二氧化碳浸渍法，向密封桶中填充二氧化碳，以促进酶的发酵作用。

⑤双重发酵法——先让酵母在无氧条件下进行酒精发酵，再加入乳酸菌发酵。

⑥近来，咖啡发酵呈多样化发展趋势，有添加热带水果或肉桂等香料的，也有添加酒石酸和红酒酵母的，可谓是“一切皆可加”。不仅如此，世界各地都在尝试使用各种新方法制作咖啡，以寻求独特风味。

厌氧发酵被视为一种新的咖啡精制方法，对于使用这种方式制成的咖啡，目前国际上尚未形成公认的评价标准。就个人而言，在深入讨论这种精制方法之前，首先应充分了解运用恰当的精制方法所制成的咖啡，其风味到底如何。

了解咖啡风味的第一步应该是：正确认识水洗法精制咖啡和日晒法精制咖啡之间的风味差异。

厌氧发酵

笔者对来自 10 多个国家，生产年份分别为 2019—2020 年、2020—2021 年和 2021—2022 年的厌氧发酵咖啡进行了感官评价。结果表明，优质的厌氧发酵咖啡多具备酸味柔和、带有甜味的风味特征，同时，大多数厌氧发酵咖啡还是会散发出乙醚或酒精发酵的气味。用酒类打比方的话，它就像是带有酒精风味的威士忌或朗姆酒，而不是传统自然发酵的红酒风味。

笔者担心，如果厌氧发酵得到普及，咖啡恐会沦为二次加工产品，其风味的本质也会被掩盖。咖啡协会应该对厌氧发酵的生产过程进行某种监管或规定生产者必须标明生产方式。

笔者选取不同厌氧发酵法制成的巴西卡杜艾咖啡豆作为样本，129 页的表显示了各样本的 SCA 感官评价和味觉检测结果，作为参考基准的是经 7 天晾晒精制的日晒咖啡豆。厌氧发酵咖啡豆是在密封桶中发酵的咖啡豆，碳酸发酵咖啡豆是在发酵时注入二氧化碳的咖啡豆，双重发酵咖啡豆是在厌氧发酵后加入乳酸菌继续发酵的咖啡豆。与有氧发酵相比，厌氧发酵和碳酸发酵的咖啡豆有轻微的发酵风味。双重发酵的咖啡豆则带有一股浓烈的酒精发酵味，因此对其评价不高。

厌氧发酵咖啡豆（生产年份：2021—2022 年）

类别	水分（%）	pH	总酸量（%）	脂质量（%）	SCA 评分	风味
日晒咖啡豆	9.40	5.03	8.29	18.57	81	花香、巧克力
厌氧发酵咖啡豆	9.00	5.03	7.34	18.12	83	蜂蜜、香草、香料
碳酸发酵咖啡豆	9.30	5.07	6.46	18.00	80	弱酸味、威士忌风味
双重发酵咖啡豆	9.00	5.08	8.00	15.62	75	酒精、混浊感

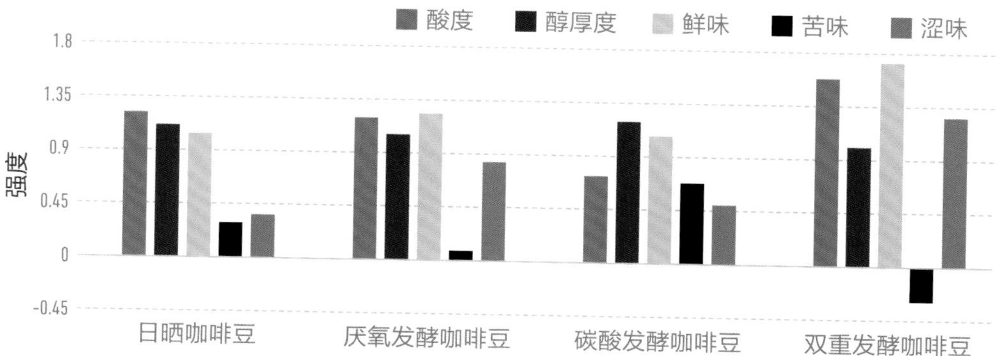

图中显示了味觉检测结果。虽然各样本的味觉检测值之间略有差异，但感官评价分数和味觉检测值之间可见相关性（r=0.9184）。

10 干燥方法的差异

带壳咖啡豆的干燥方法包括：①平铺在塑料布上干燥（巴布亚新几内亚、东帝汶等地的零散小微农户使用）；②平铺在混凝土、瓷砖、砖块等平面上干燥（中美洲国家使用）；③平铺在双层或三层置物架上干燥（哥伦比亚等平地较少的山地国家使用）；④平铺在网架上干燥（该方法发源于非洲并推广至其他生产国）；⑤平铺在帐篷下方的阴凉处干燥（追求高品质的生产者使用）。

在日光下晾晒时，最好使用干燥架，先将咖啡果或带壳咖啡豆薄薄地平铺开来，并频繁翻耙，去除水分。干燥架通风性好，能保证咖啡果的各个面均与空气相接触。只要定期翻耙，就能使咖啡果干燥得更加均匀，也就更不易发酵。

干燥所需的时间受日照、气温和湿度影响。如果直射阳光过强，会导致咖啡果仅表面变干。如果白天或夜间湿度较大，微生物的影响就会被放大，可以为咖啡果盖上塑料布或将其转移到阴凉处或仓库里。

粗略计算，各精制方法的干燥工序耗时如下：水洗法需要 7~10 天，半日晒法需要 10~12 天，日晒法需要 14 天左右。

经日晒法干燥的咖啡果被称作“干燥咖啡果”，其重量为原来的咖啡果重量的 40%，将其脱壳加工成咖啡生豆后，重量占比会进一步减少，变为 20%。由此得出，10 千克的咖啡果能产出 2 千克左右的咖啡生豆。

在湿度较高的雨天或生产量大的情况下，干燥机（烘干机）是一个便利的选择。机械式烘干机的温度应设定在 40~45℃。温度过高会导致咖啡生豆的变质速度加快。

也有一些产区会将日光晾晒和机械烘干相结合，比如巴西的庄园（比中美洲的庄园规模更大）和哥斯达黎加的咖啡量产农业合作社，如果不大规模使用烘干机，就无法保证生产进度。在这些产地，常使用的是滚筒旋转式和从下方送热风的搅拌式烘干机。

观察加工完毕的咖啡生豆，可见水洗咖啡生豆呈绿色。日晒咖啡生豆则绿色较浅，仍然保留银皮（包覆在生豆上的薄皮），中央线（胚芽心）处的银皮颜色会随烘焙而变深。

各生产地的日光晾晒/机械烘干实况

只有也门使用日晒法，其他生产地均采用水洗法。

也门

埃塞俄比亚

肯尼亚

坦桑尼亚

危地马拉

巴拿马

萨尔瓦多

哥伦比亚

苏门答腊

巴布亚新几内亚

夏威夷

第9章　从生产国角度了解咖啡——中南美篇

中南美是咖啡的主要生产地

巴西咖啡约占日本咖啡进口总量的35%，其品牌和风味都为日本人所熟知，同样知名的还有哥伦比亚咖啡。相较之下，秘鲁、玻利维亚和厄瓜多尔等其他南美洲国家的咖啡就显得更为小众，为此，将在后文就进口量相对较高的秘鲁咖啡作专题介绍。中美洲指从墨西哥到巴拿马的地区，连接北美洲和南美洲，面向太平洋和大西洋。该地区著名的咖啡产地要属危地马拉和哥斯达黎加，此外还有许多国家也在发展咖啡产业。每个生产国的咖啡在品质和风味上各不相同。为方便理解，书中在地图上标注了各国之间的位置关系。在过去的30年间，笔者接触过许多中美洲国家生产的咖啡，接下来会为大家介绍该产区咖啡的特征。

1　巴西

Brazil

产量（2021—2022 年）

59000 千袋（60 千克 / 袋）

数据

海　　拔：450~1100 米

产　　季：5~8 月

品　　种：蒙多诺沃、波旁、卡杜艾、马拉戈吉佩

精 制 法：日晒法、半日晒法、半水洗法

干 燥 法：日光晾晒或机械烘干

出口品级：根据瑕疵豆数量分级，等级从 NY.2~NY.8 级

概要

巴西是世界上最大的咖啡生产国，产量占全球总量的 35%。因此，其每年的产量波动都会对咖啡生豆的交易价格产生重大影响。

下表显示了巴西 5 个产区的采收量。

州	产量（每袋60 千克）	生产比例
米纳斯吉拉斯州	28500千袋	48%
圣埃斯皮里图州	16700千袋	28%
圣保罗州	5300千袋	8%
巴拉那州	1100千袋	2%
巴伊亚州及其他州	7700千袋	14%

塞拉多地区

黄波旁品种

品级

巴西咖啡豆的出口品级基于“每300克咖啡豆中的瑕疵豆数量”和“筛孔尺寸（颗粒大小）”划分。

如带有“巴西NY.2，S16以上”标记的咖啡豆表示：①瑕疵豆数量为0~4粒；②咖啡豆颗粒大小在S16以上，无法通过孔径为18/64英寸的筛孔（直径6.35毫米）。S16是巴西咖啡豆的标准尺寸，大于此尺寸的咖啡豆标记为S17、S18等，但能达到这个尺寸的咖啡豆只占总体数量的一小部分。

pH和感官评价

本次用于感官评价的7种中度烘焙精品咖啡产自海拔1000米的不同产区。对样本进行pH测定，并由参加品鉴研讨会的品鉴师团队（n=16）作SCA感官评价，结果如下图所示。

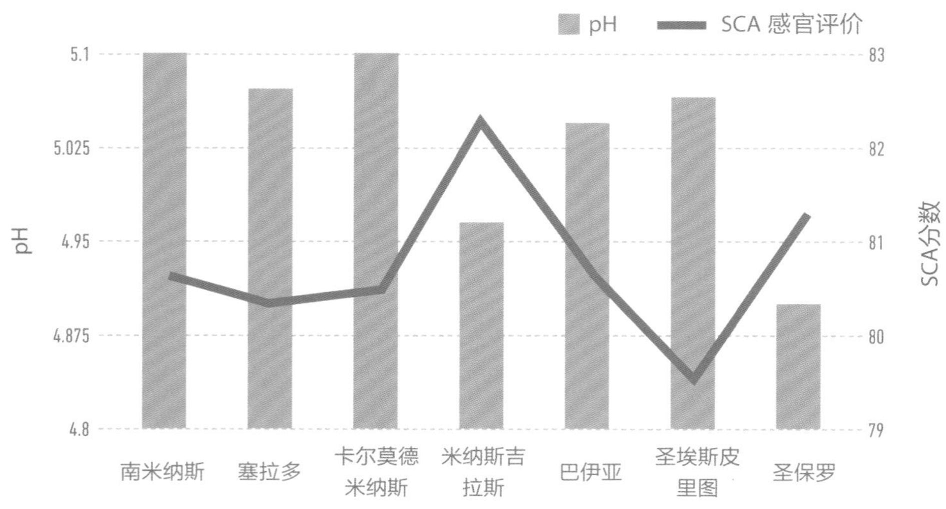

在感官评价方面，除圣埃斯皮里图的咖啡（79.6分）外，其他地区的咖啡评分均在80分以上，其中米纳斯吉拉斯的评分最高，为82.2分。样本感官评价的平均得分为80.85分，分数间无明显差异。在pH方面，各样本测定值在4.91~5.1之间，平均值为5.04。在本组样本中，米纳斯吉拉斯和圣保罗产区的咖啡酸度较强，感官评价分数分别为82.2分和81.2分，高于其他产区，可以推测出酸度对评价产生了一定影响。pH与感官评价分数呈负相关（r=0.6120），pH越低，感官评价结果越优异。

卡尔莫德米纳斯产区的庄园

庄园里的干燥场景

庄园采收的咖啡果

圣保罗的咖啡厅

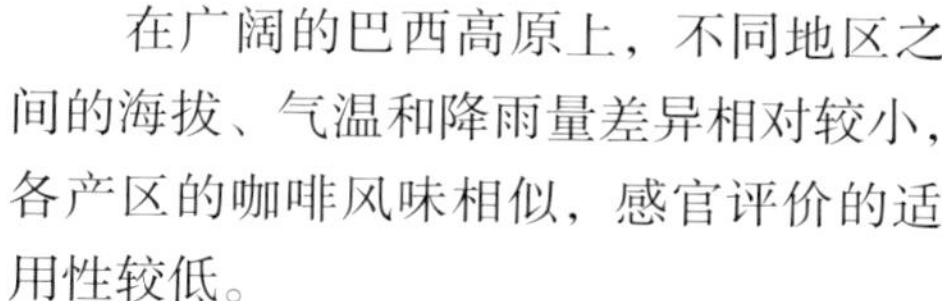

在广阔的巴西高原上，不同地区之间的海拔、气温和降雨量差异相对较小，各产区的咖啡风味相似，感官评价的适用性较低。

也许正因为如此，巴西在品种开发方面做了大量工作。目前，在日本市面上销售的巴西咖啡主要有蒙多诺沃品种、卡杜艾品种和波旁种等。

巴西咖啡在日本流通最为广泛，许多日本人对其风味并不陌生。从巴西咖啡开始入门是一个不错的选择。实际操作时，可以选取同为南美产区的哥伦比亚的水洗法精制咖啡来作对比，两者的风味差异尤为明显，非常有利于大家品鉴。

巴西咖啡的基本风味

巴西咖啡酸度稍弱，但醇厚度较强，余韵带有轻微土涩感。与水洗法精制咖啡的清爽风味略有质感差异。

2 哥伦比亚

Colombia

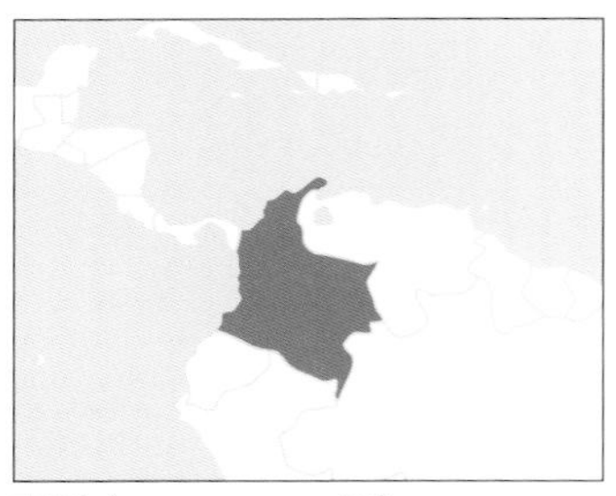

产量（2021—2022 年）
12690 千袋（60 千克 / 袋）

数据

产　　地：纵贯绵延的安第斯山脉，土壤为火山灰土壤

气　　候：平均气温为 18~23℃

规　　模：多为小农户

产　　季：北部为 11 月至次年 1 月，南部为 5~8 月，每年有主次两个产季

品　　种：1970 年以前，以铁皮卡为主流。1970 年之后，卡杜拉和哥伦比亚逐渐替代铁皮卡。现如今，卡斯蒂略和哥伦比亚成为主流，占据了总栽培面积的 70%，余下 30% 为卡杜拉及其他品种

精 制 法：水洗法

干 燥 法：日光晾晒

概要

哥伦比亚是世界第三大咖啡生产国。尽管该国属于高海拔的优秀产地，但受政局不稳定等因素影响，所产咖啡存在风味不稳定的缺点。不过，2010 年以后，随着政局逐渐稳定，在哥伦比亚国家咖啡生产者协会对农民的有力支持

托利马省

纳里尼奥省

和出口商的产区开发作用下，哥伦比亚咖啡的品质也逐渐提高，乌伊拉和纳里尼奥等南部产区的优质咖啡开始在市场流通。该国的咖啡主要产区还包括桑坦德、托利马和考卡等。

2009 年，受开始蔓延的咖啡叶锈病影响，哥伦比亚 2012 年的咖啡产量降至 7700 千袋，导致了全球咖啡市场价格的飙升。哥伦比亚国家咖啡研究中心（FNC 研究部门）采取了包括栽培卡斯蒂略品种在内的多种措施来防治咖啡叶锈病。最终在 2015 年使产量回升到 1400 万袋，并一直保持稳定。

品级

哥伦比亚的咖啡出口品级分为特选级（S17 以上 / S16~14 的瑕疵豆混入率不超过 5%）和上选级（S16/S15~14 的瑕疵豆混入率不超过 5%），S14 以上才达到出口标准。评判标准还包括瑕疵豆的混入率、有无异味、昆虫混入与否、色泽均匀度、水分含量和干净度。

该国销售的精品咖啡多为 S16 以上的特选级，并附有生产省份、庄园名称和品种等生产履历。

哥伦比亚咖啡的基本风味

北部的塞萨尔省和北桑坦德省等地栽培的少量铁皮卡品种咖啡，带有清新的柑橘果酸味。南部乌伊拉省所产咖啡带有橙子般的酸味，口感浓郁醇厚，风味均衡。纳里尼奥省所产咖啡带有饱满的柠檬酸味，醇厚感明显。

只采摘成熟的咖啡果

庄园的苗床

感官评价

下图显示了哥伦比亚乌伊拉产区的 3 种精品咖啡（SP）和 3 种商业咖啡（CO）在总酸量和脂质量方面的比较结果。精品咖啡的总酸量和脂质量均高于商业咖啡。总酸量影响酸味的性质，总脂量影响顺滑度和醇厚度。在品鉴研讨会上，品鉴师团队（n=16）所得出的感官评价分数与总酸量、总脂量之和存在高度相关性（r=0.9815）。

哥伦比亚乌伊拉产区咖啡的总酸量、脂质量和 SCA 感官评价

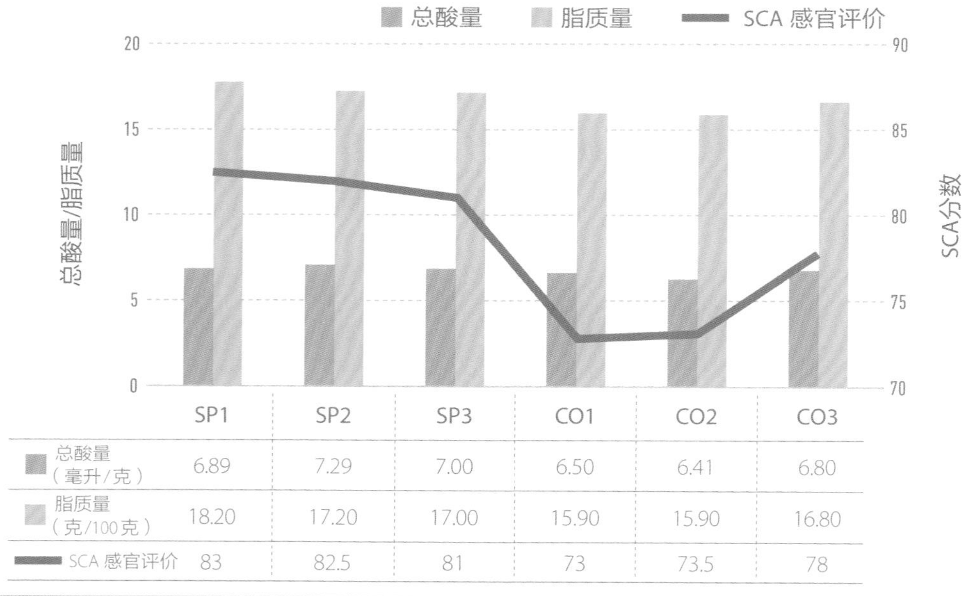

	SP1	SP2	SP3	CO1	CO2	CO3
总酸量（毫升/克）	6.89	7.29	7.00	6.50	6.41	6.80
脂质量（克/100克）	18.20	17.20	17.00	15.90	15.90	16.80
SCA 感官评价	83	82.5	81	73	73.5	78

受各产区的风土气候影响，哥伦比亚咖啡呈现出风味多样的特征，品鉴时应注意查看产地。一般而言，哥伦比亚咖啡整体风味柔和，含有的柑橘类水果的清爽酸味和恰到好处的醇厚度，达成了绝妙的平衡。

干燥

3 秘鲁

Peru

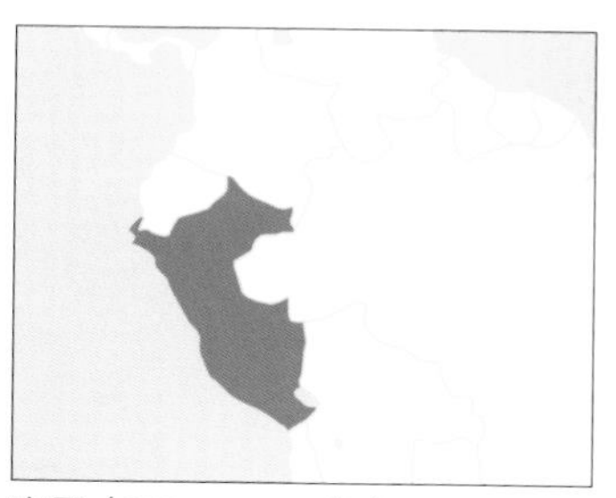

产量（2021—2022 年）
3850 千袋（60 千克 / 袋）

数据

海　　拔：1500~2000 米
规　　模：拥有 3 公顷（30000 米^2）以下耕地面积的小农户占 85%
产　　季：3~9 月
品　　种：70% 为铁皮卡，20% 为卡杜拉及其他品种
精 制 法：水洗法
干 燥 法：日光晾晒、机械烘干

概要

秘鲁的咖啡生产者多为小规模家族经营，拥有 3 公顷（30000 米^2）以下耕地面积的小农户占比为 85%。秘鲁咖啡的产量高于中美洲的危地马拉和哥斯达黎加，所占全球市场份额虽不高，却受到日本市场的喜爱，进口量相对较高。该国属于高海拔产区，基础设施薄弱，曾深受咖啡生豆品质问题的困扰。

2018 年 8 月，秘鲁出口和旅游促进委员会推出了秘鲁咖啡品牌“Cafés del Perú”，向世界宣传秘鲁的咖啡之国形象，同时也促进了本国的咖啡消费。特别是 2010 年以后，其作为高品质咖啡的新产地，逐渐为大众所认知。

秘鲁北部的卡哈马卡、亚马孙和圣马丁三省的咖啡产量占秘鲁全国产量的 60% 以上，主要生产品种为铁皮卡、卡杜拉、波旁等。

秘鲁的咖啡庄园

品级

秘鲁水洗法精制咖啡豆的分级侧重于瑕疵豆的去除。最严格的筛分程序是经过机械筛分（比重筛分或筛网筛分）后，再进行电子筛分，最后实施手工挑拣。精品级别还有风味特征方面的要求。

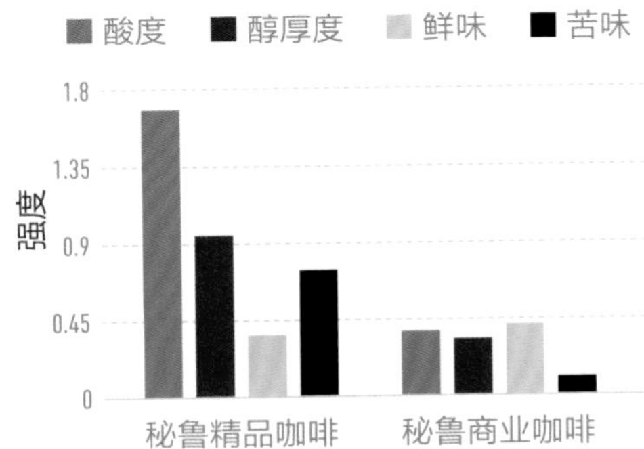

选取秘鲁的精品咖啡和商业咖啡作样本，对其进行味觉检测，得到如上图所示结果。精品咖啡酸度明晰，口感醇厚，而商业咖啡则未见任何风味特征。

感官评价

本次使用的样本来自一家栽培了众多咖啡品种的庄园，因其风味格外出色，所以笔者选择将自己的评价写入本书。

与十年前相比，秘鲁的精品咖啡品质有了显著提高，但市场流通量却并不大。如果遇到了生产履历明确的秘鲁咖啡，不妨品尝一下它的风味。

秘鲁的庄园咖啡（生产年份：2019—2020 年）

品种	烘焙度	pH	SCA 分数	感官评价
瑰夏	H	5.1	88	具有瑰夏特有的香气，酸味活泼，余韵甘甜
铁皮卡	C	5.2	92	花香、干净清爽的柑橘果酸
波旁	C	5.2	90	酸味饱满，口感富有层次
帕卡马拉	C	5.2	87	烘焙程度较深，具有活泼的水果风味
卡杜拉	FC	5.5	84	舌尖残留微弱的甘苦味

烘焙度的 H 表示深度烘焙，C 表示城市烘焙、FC 表示深度城市烘焙。
采用滤纸滴滤法，取 25 克咖啡粉，用时 2 分 30 秒，萃取 240 毫升咖啡，对其进行 SCA 感官评价，并将分数记录在 SCA 杯测表中。

4 哥斯达黎加

Costa Rica

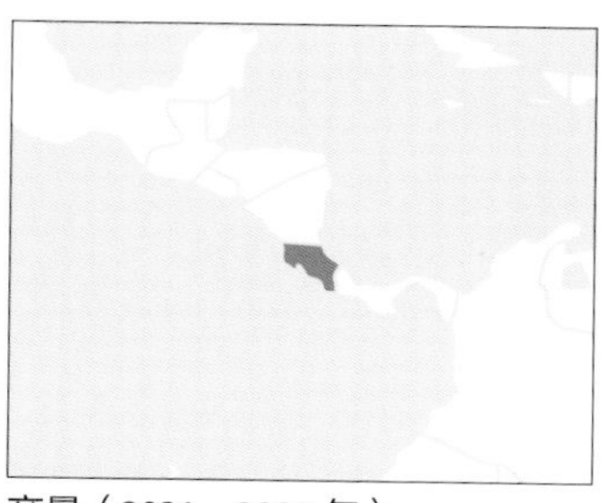

产量（2021—2022 年）
1470 千袋（60 千克 / 袋）

数据

产　　地：塔拉苏、中央谷地、西部山谷、图里亚尔瓦
品　　种：卡杜拉、卡杜艾、薇拉萨奇
规　　模：小农户居多，部分为大型庄园，目前小型处理站正迅速扩展规模
产　　季：10 月至次年 4 月
精 制 法：水洗法、蜜处理法
干 燥 法：日光晾晒、机械烘干

概要

哥斯达黎加可以说是 2010 年以来变化最大的咖啡产区。20 世纪 90 年代，该产地的咖啡在日本几乎没有知名度，远远落后于危地马拉咖啡。随着塔拉苏的多塔农业合作社和西部山谷的帕尔马雷斯农业合作社等大型农业合作社的发展壮大，生产者可以将咖啡果运到合作社下属的水洗加工厂进行批量加工。每个地区都拥有自己的农业合作社，笔者认为这种组织化的生产方式是当时中美洲效率最高的生产模式。

然而，2000 年以后，哥斯达黎加咖啡协会（ICAFA）在向咖啡消费国推广本国的咖啡产地时，将产地进行了区域划分，形成了塔拉苏、中央谷地、西部山谷、图里亚尔瓦、特雷斯里奥斯、欧罗西和布伦卡等产区。

西部山谷的大型咖啡庄园

品级

哥斯达黎加根据海拔和产地来判定咖啡豆品级。著名的塔拉苏产区海拔较高，所生产咖啡豆多为极硬豆（海拔 1200~1700 米）。西部山谷是最大的产区，生产优质硬豆（海拔 1200~1500 米）。最近，在海拔更高的栽培地区，流行小型处理站，这似乎使传统的品级划分失去了意义。哥斯达黎加的精品咖啡品质很高，目前正受到世界各地进口商和咖啡豆烘焙商的关注。

小型处理站的诞生

2000—2001 年，受巴西、越南咖啡产量增长等因素影响，国际咖啡价格暴跌。有一段时期，咖啡生产者由于无法获得足够收入，出现了改种其他农作物甚至弃农转业的现象。为了摆脱困境，哥斯达黎加的小农户想出一个提升咖啡品质的方法——人工去除果肉，通过建造具备干燥功能的私人水洗加工厂来完成后续加工，这些工厂被称作小型处理站。

从 2000 年开始，这种小型处理站逐渐为全世界所认识。生产者投资建设了果肉分离机和脱胶机（去除咖啡果胶的机器），从此不再依赖大型农业合作社，开始独立生产咖啡。

1990 年以后，哥斯达黎加咖啡协会推荐的卡杜拉品种逐渐成为当时的主流咖啡产品。但拥有小型处理站的咖啡生产者却在研究培育铁皮卡、瑰夏、SL、埃塞俄比亚系等品种。如今，哥斯达黎加的小型处理站已超过 200 个，为生产优质咖啡作出了贡献。

果肉分离机

感官评价

哥斯达黎加小型处理站所生产咖啡的理化指标与感官评价（生产年份：2018—2019年）

产地	pH	脂质量（%）	酸值（%）	蔗糖量（%）	SCA 分数	感官评价
西部山谷	4.95	17.20	1.91	7.90	87.5	口感黏稠
塔拉苏	4.90	16.40	3.43	7.85	85.25	柑橘类水果的甘甜酸味

上表为小型处理站所生产咖啡的理化指标及感官评价分析结果。pH越低，表示酸味越强；酸值越低，表示脂质氧化（变质）程度越低。脂质量和蔗糖量数值越高，意味着咖啡中该成分的含量（克/100克）越高。西部山谷所产咖啡脂质量和蔗糖量高，脂质变质程度低，因此感官评价的评分也相对较高。

在哥斯达黎加，拥有小型处理站的咖啡生产者多数采用半日晒精制法，这种精制法在当地也被称作“蜜处理”。许多咖啡生产国受其影响，开始纷纷效仿其精制方法。

哥斯达黎加咖啡的基本风味

哥斯达黎加小型处理站所生产的咖啡，均为优质的精品咖啡，酸味明晰、醇厚饱满、风味层次丰富，值得推荐。

5 危地马拉

Guatemala

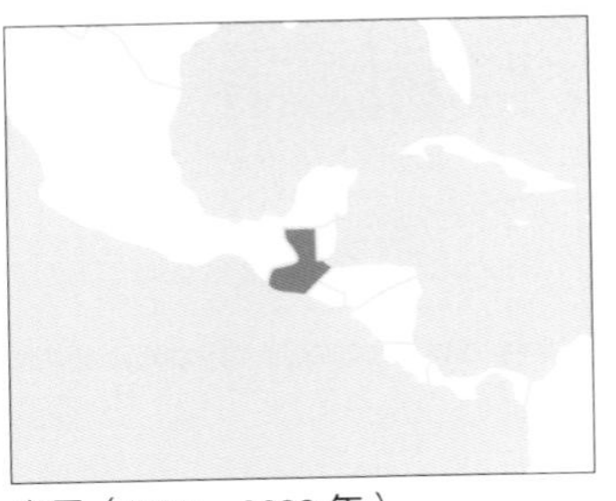

产量（2021—2022 年）
3778 千袋（60 千克 / 袋）

数据

海　　拔：600~2000 米
产　　地：安提瓜、阿卡特南果、阿蒂特兰、薇薇特南果等地
品　　种：波旁、卡杜拉、卡杜艾、帕奇、帕卡马拉
精制法 & 干燥法：水洗法；平铺在混凝土、砖块等干燥场进行日光晾晒
产　　季：11 月至次年 4 月
出口品级：SHB（极硬豆 / 产地海拔 1400 米以上）、HB（硬豆 / 产地海拔 1225~1400 米）

概要

2000 年以来，危地马拉的国家咖啡协会[㊀]（ANACAFÉ）一直致力于向消费国宣传推广其咖啡产地特色。目前，该国主要有安提瓜、阿卡特南果、阿蒂特兰、柯班、薇薇特南果、弗赖哈内斯、圣马科斯和新东方 8 个产区。

安提瓜地区

薇薇特南果地区

阿蒂特兰地区

㊀ 成立于 1960 年，是危地马拉咖啡行业的代表机构，负责制定和实施咖啡政策，并通过促进咖啡生产和出口来发展国民经济。

安提瓜地区

安提瓜地区被阿瓜、富埃戈、阿卡特南果3座火山环绕，其火山灰土壤孕育出的咖啡豆品质优良，备受推崇。安提瓜咖啡价格较为昂贵，过去曾被掺假出售，因此，当地的咖啡庄园主们在2000年组织成立了安提瓜生产者协会（目前由39个庄园组成），并在正宗的安提瓜咖啡包装麻袋上印上“Genuine Antigua Coffee”标志。

1996年，星巴克在银座[㊀]开设日本第一家店，在之后的数年间，一直将危地马拉的安提瓜咖啡和哥伦比亚的纳里尼奥咖啡作为常驻饮品。安提瓜古城也是一处旅游胜地，鹅卵石铺就的街道和色彩斑斓的建筑形成了一道独特风景。

感官评价

薇薇特南果产区也有不错的咖啡产品。本次使用的咖啡样本就是来自该产区的茵赫特庄园，在2021年的互联网竞拍购得。对样本进行味觉检测可得出下图所示结果。茵赫特庄园的帕卡马拉完美融合了柑橘的酸味和树莓果酱的甜味，风味绝佳。

危地马拉咖啡的基本风味

危地马拉的安提瓜产区的咖啡十分优质，具有甜美花香、明亮酸度和丰富口感，是最有代表性的波旁品种基本风味。近来，危地马拉生产的咖啡品种繁多，可能会让初学者感到迷茫，笔者建议最好先从安提瓜产区的波旁咖啡开始了解。

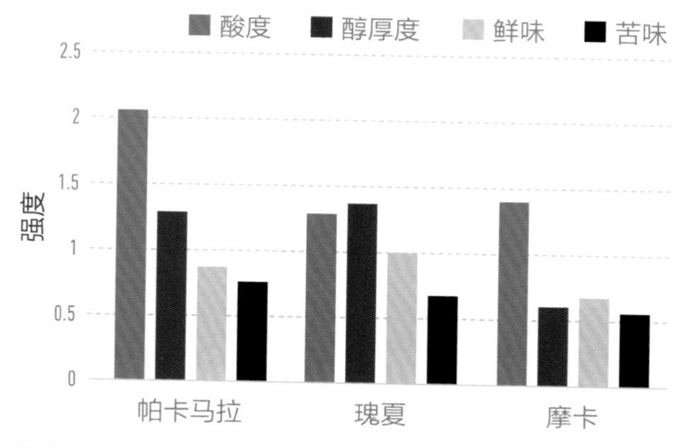

瑰夏品种引进自巴拿马的翡翠庄园，通过移植幼苗培育而成。摩卡是一种非常罕见的小粒咖啡。在品鉴研讨会上，品鉴师团队（n=20）采用SCA评价法得出的分数为：帕卡马拉为90分，瑰夏为88分，摩卡为85分，均为高评分。其分数也与味觉检测值呈高度相关（r=0.9998）。

㊀ 在银座店开业前，星巴克曾先在日本成田机场开设过直营店，后来撤店关门了。

6 巴拿马

Panama

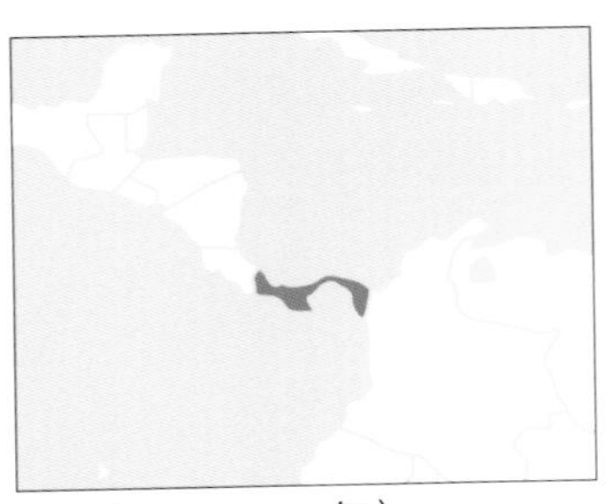

产量（2021—2022 年）
115 千袋（60 千克 / 袋）

数据

海　拔：1200~2000 米
产　地：波奎特、沃肯
品　种：瑰夏、卡杜拉、卡杜艾、铁皮卡及其他
精制法：水洗法，部分为日晒法
产　季：11 月至次年 3 月
干燥法：日光晾晒、机械烘干

概要

2004 年，翡翠庄园的瑰夏品种在“最佳巴拿马”[㊀]中首次亮相，其冷却后的风味如同菠萝汁，惊艳了全世界。

巴拿马的其他生产者和国外生产者也对瑰夏产生了兴趣，到了 21 世纪 10 年代，该品种已得到广泛栽培。“最佳巴拿马”似乎变成了瑰夏的“专场”拍卖会，在 2020 年的活动上，甚至出现了 SCA 评价高达 95 分（基于 SCA 评价法）的瑰夏品种。瑰夏自问世以来，已有近 20 年的历史，其风味也日益得到认可。

巴拿马的波奎特和沃肯地区拥有独特的风土条件，这里的许多生产者专注于生产高品质、高价格的咖啡。该产区的咖啡产量较低，进口到日本的数量也极为有限。

沃肯地区的咖啡庄园

㊀ 由巴拿马咖啡协会组织的网络拍卖会，采用 SCA 评价法评比。参赛咖啡豆需先通过国内评审，再由国际评审团进行终选。

感官评价

本次使用的样本是5家庄园生产的水洗法精制的（W）瑰夏，购自“最佳巴拿马”拍卖会。对其进行味觉检测，得出下图所示结果。除W1外，其他几种样本的风味强度规律均很相似。拍卖的品评分数分别为：W1为93.5分，W2为93.5分，W3为93分，W4为93分，W5为92.75分。均为高分，且几乎无差距。味觉检测值与官能评价之间的相关性较高（r=0.9308）。

最佳巴拿马 / 水洗法精制咖啡（生产年份：2021年）

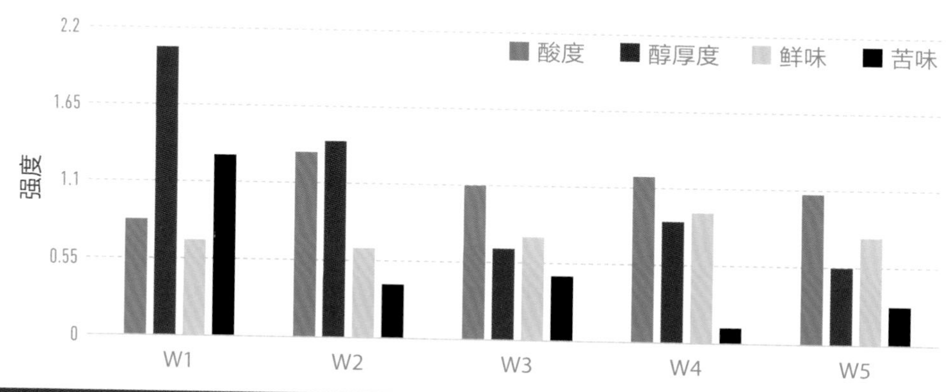

瑰夏品种

巴拿马瑰夏虽然价格昂贵，但其活泼的果香风味别具一格。如有机会，不妨尝一尝。

开花的瑰夏咖啡树

瑰夏咖啡树

7 萨尔瓦多

El Salvador

产量（2021—2022 年）
507 千袋（60 千克 / 袋）

数据

海　　拔：1000~1800 米
产　　地：阿帕内卡、圣安娜
产季 & 栽培：10 月至次年 3 月，多栽培在阴凉处
品　　种：波旁、帕卡马拉、帕奇、卡杜拉
精 制 法：水洗法
干 燥 法：日光晾晒

概要

萨尔瓦多是非常宝贵的咖啡产地，其境内残存着许多古老的波旁咖啡树。值得一提的是，帕卡马拉也是萨尔瓦多咖啡研究所开发出的咖啡品种，从 2000 年开始逐渐普及开来。

2005 年，帕卡马拉在危地马拉的卓越杯拍卖会中崭露头角，拿下了第一名，从此逐步走向世界。传统的优质波旁品种通常具有柑橘果酸味，而帕卡马拉则多了一层活泼的树莓风味。

萨尔瓦多的咖啡主产区为阿帕内卡、圣安娜等地，出口日本的咖啡多为阿帕内卡生产，这里同时也是咖啡叶锈病的高发区。萨尔瓦多咖啡树有 60% 是波旁品种，其余品种为帕卡马拉、帕奇和卡杜拉。

萨尔瓦多的火山

品级

萨尔瓦多根据产地海拔划分品级，分为极高地豆（产地海拔在 1200 米以上）、高地豆（产地海拔 900~1200 米）、低地豆（产地海拔 500~900 米）。

萨尔瓦多的帕卡马拉品种咖啡的基本风味

其风味给人以两种印象：一种是铁皮卡品系咖啡的丝滑优雅；另一种是波旁品系咖啡的醇厚浓郁与活泼果香。要想了解萨尔瓦多咖啡，可以先从其代表品种——帕卡马拉开始着手，优质帕卡马拉咖啡口感丝滑香甜，有时也会呈现出活泼风味。

感官评价

对生产年份为2019—2020年的4种水洗法精制咖啡进行感官评价和味觉检测，得出如下图表所示结果。

SCA分数是品鉴研讨会的所有参与者（n=16）评分的平均值。样本中的波旁品种新鲜度欠佳，而其他品种风味表现出色，被评为精品咖啡。

如图所示，SL品种的酸度值非常突出。帕卡马拉品种和马拉戈吉佩品种的风味强度规律近乎相同。感官评价分数与味觉检测值之间存在一定相关性（r=0.6397）。

萨尔瓦多咖啡（生产年份：2019—2020年）

品种	含水量	pH	SCA分数	感官评价
波旁	9.8	5.1	79	柑橘味，余韵稍涩，青草香气
帕卡马拉	9.9	5.1	88	风味活泼，酸味优雅，余韵甘甜
SL	10.6	5.1	86	风味活泼，但有些许发酵味，红酒风味
马拉戈吉佩	10.6	5.1	82	风味特征不突出，但总体均衡

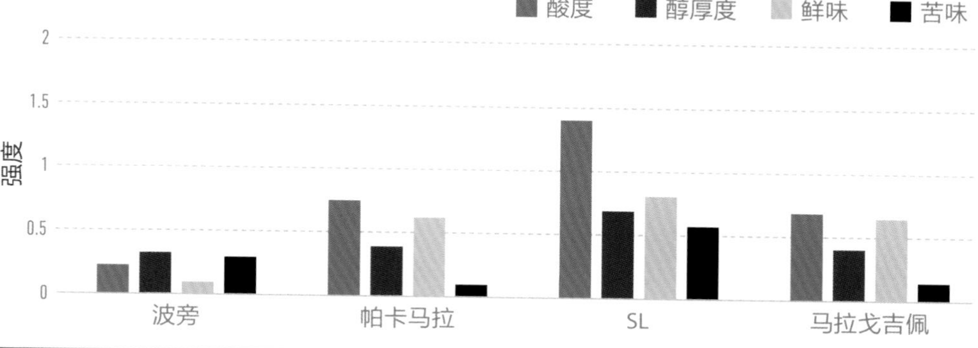

第 10 章　从生产国角度了解咖啡——非洲篇

风味活泼的非洲咖啡

非洲广泛栽培咖啡。东非地区的咖啡产地主要有埃塞俄比亚、肯尼亚、坦桑尼亚、卢旺达、马拉维、乌干达和布隆迪等地。撒哈拉沙漠以南的西非地区的咖啡产地包括几内亚、科特迪瓦和多哥。中非地区的咖啡产地是内陆的中非共和国、刚果、喀麦隆、安哥拉。印度洋上的马达加斯加也生产咖啡。东非盛产阿拉比卡种（除乌干达以外，乌干达多生产坎尼弗拉种），中非和西非则主要生产坎尼弗拉种。

1 埃塞俄比亚

Ethiopia

咖啡仪式[㊀]

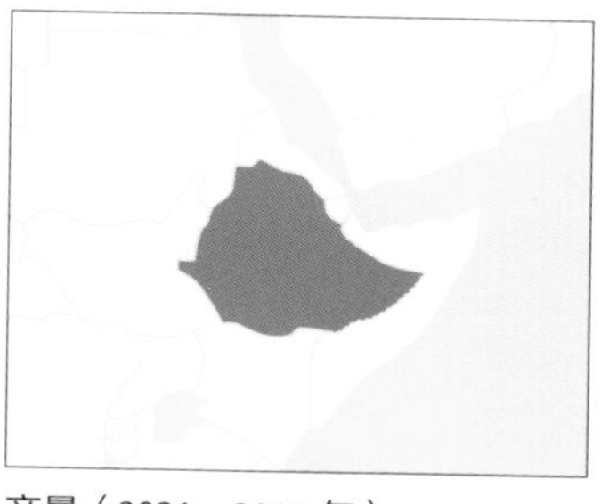

产量（2021—2022 年）
7631 千袋（60 千克 / 袋）

数据

海　　拔：1900~2000 米
产　　地：西达摩、耶加雪菲、哈拉尔、吉马、卡法、利姆、沃利嘎
品　　种：原生种
规　　模：小规模农户［平均耕地面积 0.5 公顷（5000 米 ^{2}）］
产　　季：10 月至次年 2 月
精 制 法：商业咖啡基本为日晒法，精品咖啡分为水洗法和日晒法

概要

在日本，部分埃塞俄比亚咖啡也像也门咖啡一样被称为“摩卡”，哈拉尔产区的咖啡被冠以“哈拉尔摩卡”的商品名进行销售。西达摩、哈拉尔和吉马产区多采用日晒法精制咖啡，所产咖啡瑕疵豆混入率高，常伴有发酵味。埃塞俄比亚咖啡在日本颇受欢迎，许多量产的咖啡产品都会将其作为基底，并标注“摩卡拼配咖啡”字样。

埃塞俄比亚的咖啡消费量在咖啡生产国中也名列前茅。图片是笔者在访问埃塞俄比亚期间所饮用的浓缩咖啡。

㊀ 咖啡仪式是一种充满仪式感的款待方式，由女性负责主持。

品级

埃塞俄比亚根据每 300 克咖啡生豆中的瑕疵豆数量来判定咖啡品级：含有 0~3 个瑕疵豆为 G-1 品级，4~12 个为 G-2 品级，13~27 个为 G-3 品级，28~45 个为 G-4 品级，46~90 个为 G-5 品级。实际上，瑕疵豆的数量往往要比标注的品级更多。市面上流通的精品咖啡大多为 G-1 和 G-2 品级。

埃塞俄比亚的咖啡品质管理流程

检查咖啡生豆样本（左图）中的瑕疵豆数量（中图），测量样本的颗粒大小（右图）

烘焙样本（左图、中图），并磨成咖啡粉（右图）

注入热水，检查风味是否有缺陷（左图、中图）

耶加雪菲产区

20世纪90年代中期，日本首次进口了少量G-2品级的耶加雪菲水洗咖啡。笔者购买并品尝了该咖啡，第一次从埃塞俄比亚咖啡中品尝到了果香风味，印象十分深刻。

进入2000年后，耶加雪菲地区建成了新的咖啡水洗加工厂，提升了果肉去除过程中的未熟果筛分精度。以此为契机，G-2品级的耶加雪菲水洗咖啡开始流入市场，其果香风味也逐渐获得消费者认可。那时可购买的样本数量并不多，风味也缺乏稳定性。

21世纪10年代起，G-1品级的耶加雪菲水洗咖啡诞生了，其风味的稳定性得到了极大提升。大约从2015年开始，一些水洗加工厂又研制出了风味干净的G-1品级日晒咖啡。可以说，耶加雪菲咖啡推动了整个埃塞俄比亚精品咖啡的发展。

耶加雪菲咖啡水洗加工厂的日晒法干燥工序

耶加雪菲产区咖啡的基本风味

G-1品级的水洗法精制的咖啡香气浓郁、酸度活泼。它以柑橘果酸为基调，带有蓝莓和柠檬茶等特色风味，有时甚至还能感受到甜瓜和桃子的淡香，余韵甘甜、持久。城市烘焙咖啡风味均衡，酸度饱满，口感厚重。法式烘焙咖啡含有一丝柔和怡人的酸味和苦味，余韵中带有甜味。

G-1品级的日晒咖啡与传统的日晒咖啡在风味方面截然不同，前者几乎没有G-4品级的发酵味，取而代之的是一种活泼的果香和如同法国南部红酒的风味。法式烘焙咖啡保持了顺滑浓郁的口感，有时能给人以覆盆子巧克力或博若莱新酒般的甘甜草莓风味，笔者很欣赏这种优雅沉稳、恰到好处的日晒发酵风味。

埃塞俄比亚的G-1品级水洗法精制的咖啡风味绝佳，值得尝试。

感官评价

本次使用的耶加雪菲咖啡样本来自一家埃塞俄比亚出口商，对这3种样本进行感官评价和理化指标分析，可得出下表结果。

耶加雪菲咖啡的理化指标与感官评价

（生产年份：2019—2020年）

样本	pH	脂质量	酸值	蔗糖量	SCA分数	感官评价
水洗G-1	4.95	17.60	2.31	7.77	87.16	成熟活泼的果实风味，风味干净
日晒G-1	4.97	17.00	3.04	7.75	86.00	树莓果味，红酒风味，些许发酵味
日晒G-4	5.05	16.00	6.82	7.44	73.52	混浊感，杂味

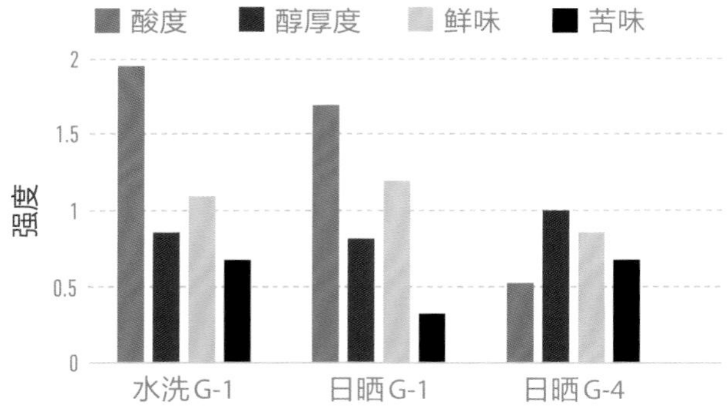

耶加雪菲咖啡水洗加工厂的水洗法干燥工序

虽然这些样本检测值不能完全代表耶加雪菲的风味水平，但不可否认的是，G-1确实风味极佳。表中的SCA分数取自品鉴研讨会上品鉴师（n=24）所评分数的平均值。与G-4相比，G-1酸度更强（pH低），口感浓郁，具有甜味（脂质、蔗糖含量高），且风味干净，新鲜度高（酸值低意味着脂质变质程度轻）。感官评价分数和理化指标数值（脂质量与蔗糖量之和）之间相关性较高（r=0.9705），表明理化指标数值可以证明感官评价的可靠性。在这一组样本中，水洗法精制咖啡的表现十分优异。

埃塞俄比亚的行政区包括广域的民族州，约70个二级区和下属的三级县。2020年，埃塞俄比亚开始向外出口附带明确生产区域信息（精确到州、区、县）的咖啡。今后，应该有机会品尝到吉马、西达摩、古吉等产区的G-1品级咖啡。

2 肯尼亚

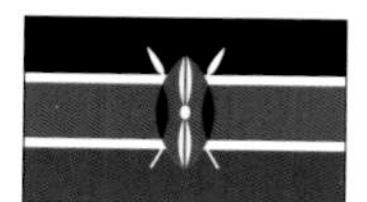

Kenya

产量（2021—2022 年）
871 千袋（60 千克 / 袋）

数据

产　　地：涅里、基里尼亚、基安布、穆兰加、恩布等

品　　种：主要为 SL28、SL34 等波旁系品种

规　　模：小农户占 70%，他们将成熟咖啡果送往加工厂处理

产　　季：9~12 月为主产季、5~8 月为次产季

精制法 & 干燥法：在加工厂完成水洗法精制后，平铺在非洲式晒架上进行日光晾晒干燥

出口品级：AA 级（S17~18）、AB 级（S15~16）、C 级（S14~15）、PB（圆豆）

概要

1990 年的肯尼亚咖啡酸味过于强烈，在日本市场并不受欢迎。当时，消费者更偏好酸度温和、口味清淡的咖啡风味，如牙买加咖啡。21 世纪初期，肯尼亚的部分庄园推出了水果风味的咖啡，让笔者大为震撼，遂从基安布产区（位于内罗毕附近）的多个庄园引进该种咖啡。到了 2010 年左右，笔者获得了从肯尼亚农业合作社的加工厂（肯尼亚对咖啡水洗加工厂的称呼）进口优质咖啡的途径，并从此迷上了活泼果香风味的肯尼亚咖啡。

肯尼亚的咖啡生产地区包括涅里、基里尼亚、基安布、穆兰加、恩布、梅鲁等。每个区域都有农业合作社，由众多加工厂构成。

21 世纪初期的庄园咖啡

庄园	感官评价
穆内	笔者初次购买的肯尼亚咖啡，强烈的个性风味令笔者深受震撼
肯特梅尔	成熟果实的香味，酸度和醇厚度令人惊艳
格兹姆布伊尼	成熟李子干的水果风味和香料风味
万戈	活泼的柑橘果酸与成熟水果风味的完美融合

在当时，肯尼亚咖啡可谓是全世界风味最活泼的咖啡。

小型农户

在肯尼亚，咖啡的生产经营者多为小农户［耕地面积多在 2 公顷（20000 米^2）以下］，占比达 70%，大型农户仅占 30%。主要生产波旁系品种 SL28 和 SL34。小农户将采收的成熟咖啡果运到加工厂，加工厂去除果肉后，把带壳豆平铺在非洲式晒架上晾干。肯尼亚每年有两次收获期，9~12 月为主产季，产量约占全年的 70%，5~8 月为次产季，产量约占 30%。在不同年份，主次产季的产量比例可能会产生变化。

肯尼亚咖啡的基本风味

肯尼亚的优质 SL 品种的咖啡具有独特的丰富果酸和复杂饱满的醇厚度，其风味甚至经受得住深度烘焙。SL 品种的咖啡所含的果味包括柑橘类水果的柠檬和橙子、红色水果的树莓和李子、黑色水果的葡萄和西梅干等，丰富多样，该品种在许多生产国逐渐扩大其知名度，连哥伦比亚、哥斯达黎加等国家也引进了 SL 品种。

咖啡庄园

加工厂的干燥工序

小农户利用后院场地种植咖啡树

小农户的家畜

感官评价

笔者在过去20年里，购买并饮用了许多肯尼亚咖啡。下表列出了各产地加工厂所产咖啡的感官评价。之所以选择2015—2016年生产的咖啡作为样本，是因为在这一时期，肯尼亚生产出了许多高品质咖啡，风味足以媲美瑰夏（加工厂名称在此略去不表）。当时，这些品种在国际上还未获得公认的SCAA90分以上评分，但鉴于其优异的风味，笔者还是破格给予了90分以上的高分。不过，需要注意的是，即使是同一工厂生产的咖啡，也会因生产批次和生产年份的不同而产生风味差异。

肯尼亚各产地加工厂所产咖啡的感官评价（生产年份：2015—2016年）

产地	感官评价	SCAA分数
基安布	具有稳定的酸度和醇厚度，橙子的甜酸味中隐藏着淡淡的热带水果味	91
基里尼亚	优质风味除了橙子味的基调，还多了一层红色水果的李子味。 风味活泼，干净优雅，余韵甜美，香气突出	92.5
涅里	花香、柠檬味和优雅甘甜的蜂蜜味	90
恩布	蜜柑的酸甜滋味与黑色水果的风味相互交融，营造出复杂的风味	88

SCAA分数是品鉴研讨会上45名品鉴师（n=45）所评分数的平均值。

在肯尼亚，干燥带壳豆会在干处理厂（精制工厂）经过比重筛分和筛网筛分后，打包封入麻袋。笔者为了保鲜，采用的是真空包装，并用恒温集装箱（冷藏集装箱）运输。

肯尼亚的SL品种的咖啡拥有不亚于瑰夏品种的果实风味，是值得品尝的咖啡。

干处理厂负责带壳豆的脱壳、筛分和包装的全流程加工（上图、下图）

3 坦桑尼亚

Tanzania

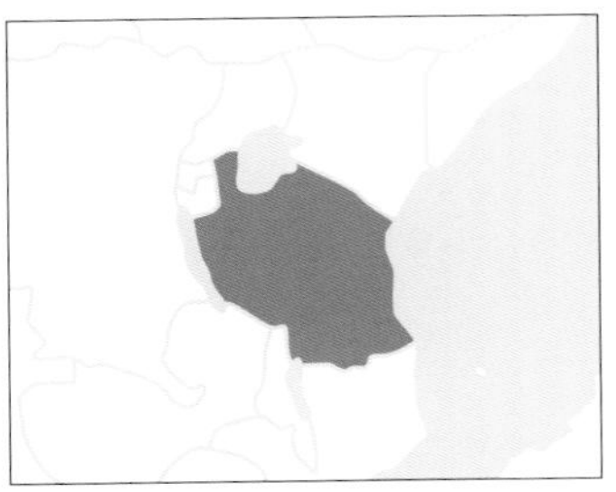

产量（2021—2022 年）
1082 千袋（60 千克 / 袋）

数据

产　　地：北部和南部生产的阿拉比卡种约占全国产量的 70%，其余均为坎尼弗拉种

品　　种：波旁、阿鲁沙、蓝山、肯特、N39

规　　模：全国约有 40 万农户，其中 90% 都是小农户［拥有 2 公顷（20000 米²）以内的耕地面积］

产　　季：6~12 月

精制法 & 干燥法：水洗法、非洲式晒架（晒棚）

出口品级：按颗粒大小和瑕疵豆数量分为 AA、AB、PB 级别（圆豆）

概要

坦桑尼亚北部的主要咖啡产区分布于乞力马扎罗山脚下，包括卡拉图、阿鲁沙和莫希等，那里有许多生产优质咖啡的大型庄园。生产庄园将带壳豆送至莫希的干处理厂，带壳豆在那里经过脱壳、筛分，最后被运往坦桑尼亚的货港达累斯萨拉姆。

南部的姆贝亚、姆宾加和西部的基戈马以小农户居多，由于生产水平落后，当地的咖啡产业一直未大力发展。尽管如此，这些产区的咖啡采收量仍占据了坦桑尼亚总采收量的 40%。为了打破这一困境，2000 年，坦桑尼亚咖啡研究所（TaCRI）成立了，该机构旨在开发合适的技术，提高坦桑尼亚咖啡的品质和产量，提升其在全球市场的竞争力，并最终实现增加收入、减少贫困及改善生产者生活水平的目的。

2010 年以后，越来越多的生产者选择将咖啡果运往农业合作社的中央处理厂，自此，坦桑尼亚的优质咖啡开始逐步实现稳定生产。

坦桑尼亚的咖啡庄园

品级

坦桑尼亚的咖啡品级主要由筛孔尺寸决定，AA 级咖啡豆的颗粒大小为直径 6.75 毫米（S17）以上，A 级为 6.25~6.75 毫米（S16）。在日本，坦桑尼亚生产的阿拉比卡咖啡有时会被冠以“乞力马扎罗”的名称出售，但对于精品咖啡，则会标明庄园名称或出口商的品牌。

坦桑尼亚咖啡的基本风味

该产地的咖啡虽属于波旁品系，但经过与肯特和阿鲁沙品种的杂交，已难以根据咖啡树的树形来辨认品种。其基本风味是如葡萄柚般微苦的酸味，果味不浓，醇厚感也稍弱，可以说是一种口味温和的咖啡。

修剪咖啡树

感官评价

本次以坦桑尼亚各产区的咖啡作为样本，由品鉴研讨会的品鉴师团队（n=20）对其进行感官评价，结果如下表所示。与肯尼亚咖啡相比，坦桑尼亚咖啡的风味特征较弱，SCA 分数难以超过 85 分。

坦桑尼亚咖啡（生产年份：2019—2020 年）

地区 · 品名	品种	Ph	感官评价	SCA 分数
卡拉图	波旁	4.85	带有橙子的酸甜味，口感顺滑	87
恩戈罗恩戈罗	波旁	4.90	口感顺滑，但个性不突出	83
阿鲁沙	波旁	4.95	风味均衡，口感温和	81.5
基戈马	不明	5.00	风味浓郁醇厚，新鲜度欠佳	75.5
姆宾加	不明	5.02	比北部产区的咖啡更混浊	79.25
AA	不明	5.02	瑕疵豆混入率高，混浊感、涩味	70

4　卢旺达

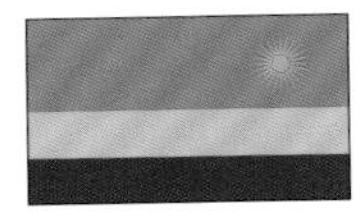

Rwanda

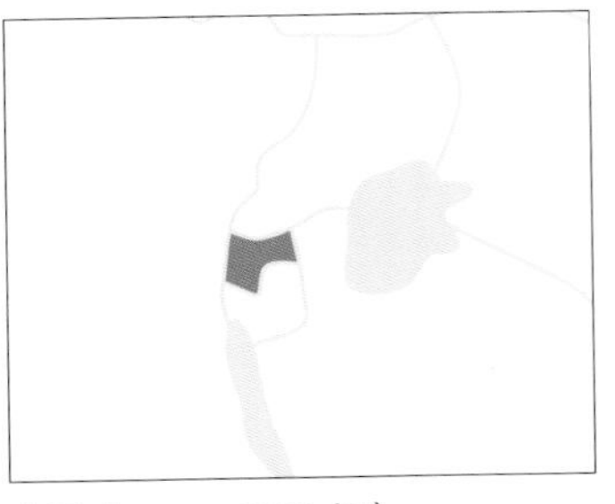

数据

海　　拔：1500~1900 米

栽　　培：2~6 月

品　　种：波旁

精 制 法：水洗法、日晒法、非洲式晒架

干 燥 法：日光晾晒

产量（2021—2022 年）

301 千袋（60 千克 / 袋）

概要

卢旺达以山地大猩猩（栖息在卢旺达和刚果的交界处）而闻名，凭借大猩猩带动了国家的旅游经济。卢旺达的咖啡是由德国人于 20 世纪初期引进的。卢旺达在爆发种族大屠杀（1994 年）[㊀]后，于次年开始举国复兴重建，据说当时每家农户平均种植了 600 棵咖啡树。当时的农户仅将咖啡果处理成带壳豆，就将其出售给中间商，所生产出的咖啡品质低下。于是，卢旺达政府采取了推广咖啡水洗处理站这一措施来解决该问题。

2004 年以来，在美国国际开发署的支持下，卢旺达修建了许多咖啡水洗处理站，其数量在 2010 年增加到 187 个，2015 年增加到 299 个，2017 年增加到 349 个。这些基础设施的建设带来了咖啡品质的提升。据估计，现在的卢旺达约有 40 万家小农户在靠生产咖啡谋生。

卢旺达的咖啡产区以西部的基伍湖周边地区为首，包括气候凉爽且海拔较高的北部地区及南部地区。

基伍湖的咖啡水洗处理厂

㊀ 1994 年 4 月，卢旺达的胡图族和图西族之间由于种族冲突引发的大屠杀。

从 2000 年开始，笔者找到了购买卢旺达咖啡生豆的途径，于是每年都会购买使用。该产地的咖啡具有一个致命缺陷风味——土豆味［像蒸土豆或牛蒡一样难闻的气味，据说是椿象这种昆虫造成的］。哪怕只混入了一颗瑕疵豆，都会散发非常明显的异味，这种异味会在咖啡豆烘焙完成后取出的那一瞬间产生，制作咖啡时必须谨慎操作。由于筛拣瑕疵豆十分耗费精力，所以笔者没有选择用它来制作拼配咖啡，也未增加使用量。不过，现在却不一样了，卢旺达咖啡的土豆瑕疵风味正在逐渐消失，因此笔者也开始频繁制作该咖啡。

近年，卢旺达咖啡变化很大，品质可见显著提升，酸度和醇厚度均衡和谐，大家可以放心尝试。

卢旺达咖啡的基本风味

卢旺达咖啡虽没有埃塞俄比亚水洗咖啡的果香味，但风味温和，酸度和醇厚度平衡得很好，符合波旁品系咖啡的典型特征。优质的卢旺达咖啡在风味上更接近于危地马拉的安提瓜咖啡。如果想尝试了解波旁品种的风味，卢旺达咖啡就是一个不错的选择。

感官评价

在卢旺达咖啡出口商和加工商协会组织的拍卖会上，笔者购买了数种水洗法精制咖啡（W）作为本次实验的样本。以拍卖会的品评分数作为感官评价分数，并对样本进行味觉检验分析，所得结果如右图所示。

从图中数据可见：W1 在酸度和醇厚度之间取得了良好的平衡。W2 的酸度值和感官评分均较高，可以推测两者之间存在一定的关系——酸度越高，评价越好。同时，W3 和 W4 虽然酸度较强，但醇厚度不足，而 W5 酸度较弱，推测这些就是造成后 3 种咖啡评价略低的原因。味觉检测值与感官评价分数之间的相关性较高（r=0.8563），表明味觉检测值能够佐证感官评价结果。

卢旺达咖啡

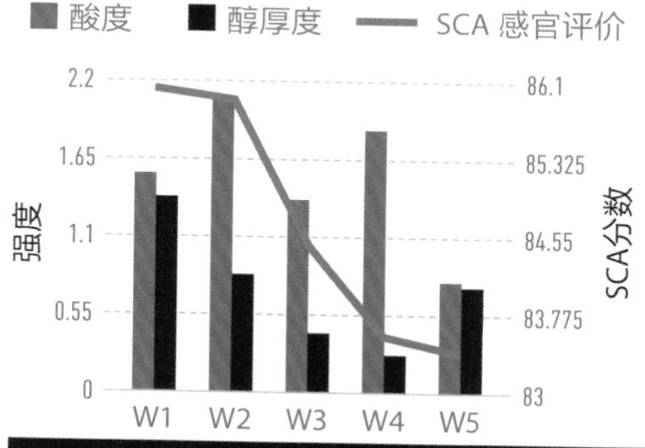

第 11 章　从生产国角度了解咖啡——加勒比群岛篇

加勒比群岛拥有悠久的咖啡传播历史

1990 年，当时全球主流的咖啡产区划分为中美洲、南美洲、亚洲、非洲和加勒比群岛。加勒比群岛的牙买加、古巴、海地、多米尼克和波多黎各等产地因盛产铁皮卡品系咖啡而闻名。虽然很少有机会能体验到加勒比咖啡的风味，但我们也不能忽视这个地区，因为——加勒比群岛拥有悠久的咖啡传播和栽培历史，是重要的咖啡产区。

阿拉比卡种与铁皮卡品种的传播

阿拉比卡种发源于埃塞俄比亚，但它的传播却是从对岸的阿拉伯半岛的也门摩卡港（现已废弃）开始的。

1658 年，东印度公司在锡兰展开阿拉比卡咖啡的栽培实验，于 1699 年正式启动大规模生产。不幸的是，1869 年爆发的咖啡叶锈病摧毁了当地的咖啡产业，从此该地变为了红茶栽培区。1699 年，东印度公司还将阿拉比卡从印度马拉巴尔带到爪哇，随后在那里开始稳定的生产。1880 年，爪哇的阿拉比卡遭受咖啡叶锈病侵袭，取而代之引进的是坎尼弗拉种，也就是现在被称作“WIB（West Indische Bereiding）”的爪哇罗布斯塔。1706 年，爪哇岛生产的阿拉比卡被运往阿姆斯特丹植物园，在那里培育出的咖啡树苗又于 1714 年被进献给法国路易十四国王，并栽培在巴黎植物园中。1723 年，该树苗再次被运到加勒比海的法属马提尼克岛。

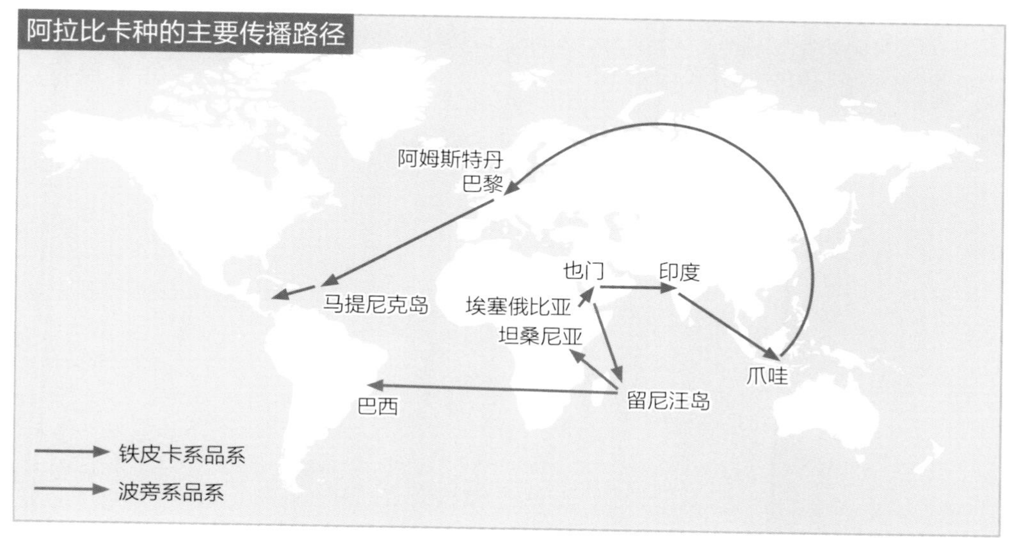

在这次航程中发生了一则轶事——法国海军军官加布里埃尔·德·克利为了保护咖啡树苗，给咖啡树苗浇船员的饮用水。随后，传教士们便将此事传遍了各个咖啡产地[㊀]。

从加勒比群岛传播开来的咖啡是被称为“铁皮卡”的品种，由于产量低且对咖啡叶锈病抗性弱，该品种现已被其他品种所取代，只有一些生产国还保留着其后代。目前，受飓风破坏等因素影响，加勒比群岛的生产力明显下降。2000 年以后，在日本咖啡市场，除牙买加咖啡以外，其他加勒比咖啡已很少见。

牙买加的咖啡产量原本就很低，2019—2020 年（生产年份）的产量仅有 23 千袋。但是，由于它的蓝山品种非常有名，因此在日本的销量很高。多米尼克的咖啡产量从 1990—1991 年的 880 千袋减少到 2019—2020 年的 402 千袋，减少了约一半。古巴的咖啡产量也从 1990—1991 年的 414 千袋大幅减少到 2019—2020 年的 130 千袋。

这些加勒比群岛铁皮卡咖啡的风味特点是：豆质柔软，酸味柔和，醇厚感较弱，余韵微甜。不过，可以感受到，加勒比群岛最近的咖啡风味正在发生变化。

㊀ 该故事于 1725 年流传至海地，1730 年流传至牙买加，1748 年流传至多米尼克和古巴。1755 年，它又从马提尼克岛传播到波多黎各。随后再次从这些岛屿传播到危地马拉、哥斯达黎加、委内瑞拉和哥伦比亚。

1　牙买加

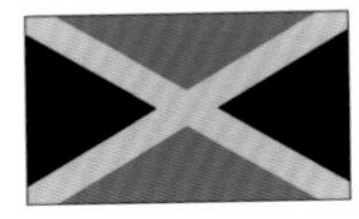

Jamaica

产量（2021—2022 年）
23 千袋（60 千克 / 袋）

数据

海　　拔：800~1200 米
栽　　培：11 月至次年 3 月
品　　种：铁皮卡、波旁
精 制 法：水洗法
干 燥 法：日光晾晒、机械烘干

概要

笔者所了解到的是，目前，在加勒比群岛上，铁皮卡品种的主要产地仅剩下牙买加，对其他岛屿的具体情况则不太了解。

在瑰夏出现之前，牙买加咖啡曾是昂贵咖啡的代表。该品种咖啡豆纤维质较软，咖啡生豆的变质速度较快。蓝山地区的海拔约为 1000 米左右，那里盛产蓝山咖啡。从前，小农户们都是将咖啡果运往马维斯班和沃伦弗德等地的精制工厂进行加工。因此，这些咖啡在过去均被冠以精制工厂的品牌名称进行销售。现在，市面上也出现了以庄园名流通的蓝山咖啡。

如今，水果风味的咖啡正风靡全球，仅凭温和的口味和高档的品牌，蓝山咖啡已无法再维持其高价格。过去，日本曾长期大量进口蓝山咖啡，但近年的进口量也呈现下降趋势。此外，从进口品级来看，蓝山一号（桶装销售）的进口量有所减少，而更低级的蓝山精选（麻袋包装 / 不同尺寸混装）的进口量则有所增加。

日本的蓝山咖啡进口量正在下降，打破了传统的大量进口模式。2019 年的进口量为 4130 袋（60 千克 / 袋），2021 年则降低至 3348 袋。

品级

“蓝山”是指蓝山地区生产的咖啡，“蓝山一号”是指 S17/18 占比达 96% 以上的咖啡。按照尺寸从大到小的顺序，品级依次为蓝山二号、蓝山三号和蓝山圆豆（PB）。蓝山以外地区生产的咖啡则被命名为高山等，价格更为实惠。

蓝山咖啡的基本风味

以前，蓝山咖啡是由许多小农户生产的咖啡豆混合而成。其口味相对平均，表现出温和的酸味和丝滑的风味特点。后来，大约从 2010 年开始，高海拔庄园出品的咖啡逐渐流入市场，能感觉到其风味变得更酸了。蓝山咖啡醇厚感较弱，不适合深度烘焙。

感官评价

蓝山咖啡口感丝滑，余韵甜美，但其豆质较软，变质较快。这种美丽的蓝绿色咖啡生豆渐渐淡出了大众视野。如今，消费者更偏爱水果风味的咖啡，因此，质地柔软、口感淡雅的蓝山咖啡便难以获得青睐，这也是不争的事实。

蓝山咖啡的生产过程

采收成熟的咖啡果，将其浸泡在水中，去除漂浮杂物后，再分离果肉。

在发酵槽中去除咖啡果胶，经日光晾晒、筛分后，将蓝山一号、二号、三号和圆豆装入木桶。

2 古巴

Cuba

产量（2021—2022 年）
100 千袋（60 千克 / 袋）

数据

品　　种：铁皮卡、卡杜拉

精 制 法：水洗

干 燥 法：日光晾晒

出口品级：ELT（S18）、TL（S17）、AL（S16）

概要

古巴咖啡的历史始于 1748 年从海地传播而来的咖啡种子。此后，咖啡庄园就遍布全岛，发展成为该地的主要农产品之一。1990 年，笔者开始经营咖啡店，在之后的七八年间，曾购买并使用了古巴的顶级咖啡——“水晶山（铁皮卡品种，属于古巴出口品级的 S18~19 规格，15 千克桶装贩售）”。虽然它比牙买加的蓝山咖啡价格便宜，但仍比其他地区的咖啡更贵。

水晶山咖啡豆豆质柔软，酸度温和，醇厚感较弱，是 2000 年以前温和风味的代表。不过，它也与牙买加咖啡具有相似的缺点，那就是咖啡生豆变质快，新鲜度一旦降低，其风味会被枯草味所掩盖。

在古巴，进入 2000 年后，除铁皮卡之外，其他品种咖啡的生产量也有所增加，更加突显出古巴咖啡品质参差不齐的问题。随着其他生产国咖啡品质逐渐提高，古巴咖啡的影响力逐渐变弱，笔者遂放弃了对其的追求。

铁皮卡这个品种单位面积产量低，对咖啡叶锈病抗性低，若不采取相应对策，或对其加强保护，或换赛道发展其他品种的优良水洗咖啡，古巴咖啡将难以挽回国际竞争力下降的趋势。笔者希望有朝一日，还能再看到如过去那般大小一致、色泽翠绿的古巴咖啡生豆。

3　多米尼加

Dominica

产量（2021—2022 年）
402 千袋（60 千克 / 袋）

数据

产　　地：锡巴奥、巴拉奥纳
品　　种：卡杜拉、铁皮卡、卡杜艾
精 制 法：水洗法
干 燥 法：日光晾晒

概要

多米尼加是一个经常遭受飓风袭击的岛国。在过去 20 年间，其咖啡产量一直徘徊在 350 千 ~400 千袋左右。国内咖啡消费量大，出口量小，因此流通到日本的数量也不多。

多米尼加曾以巴拉奥纳地区生产的铁皮卡咖啡闻名遐迩，但现在产量极低，优质咖啡数量稀少。目前，多米尼加的主要产区变为了锡巴奥，那里盛产的是矮生卡杜拉品种。与其他加勒比岛屿一样，这里的生产力大多集中在拥有耕地面积不足 3 公顷（30000 米 ^{2}）的小农户身上。

2009 年，笔者开始采购多米尼加生产的优质卡杜拉咖啡，数年后，因出现进口问题，不得不放弃使用此种咖啡。

当时，笔者所购入的卡杜拉咖啡表现出活泼干净的酸味、恰到好处的醇厚感和微甜的余韵，与高品质的波旁咖啡风味颇为相似。

卡杜拉品种咖啡树

4 美国夏威夷（夏威夷科纳）

Hawaii

产量（2021—2022 年）
100 千袋（60 千克 / 袋）

数据

品　　种：铁皮卡、卡杜拉
精 制 法：水洗法
干 燥 法：日光晾晒、机械烘干
出口品级：Extrafancy、Fancy、Peaberry

因为夏威夷生产铁皮卡系品种，所以笔者将其划入了“加勒比群岛”的篇章中。

概要

科纳位于夏威夷岛西部，地处咖啡种植带的高纬度地区。当地的咖啡庄园坐落于海拔 600 米处，这里的气候与中美洲海拔 1200 米地区的气候颇为接近。科纳地区午后经常出现多云天气，因此无须种植遮阴树。这里的平原地区降雨量少，山区降雨量大，气候地理条件适宜栽培咖啡树。相应地，环境湿度也较高，易造成发霉。在咖啡生产国中，夏威夷农业部的品控最为严格，所以科纳生产的咖啡的品质一直很稳定。

夏威夷咖啡的出口品级依次为特优（EF）、特级（F）和一级（No.1），圆豆也十分受重视。在 1990—2000 年期间，夏威夷出品的特优级咖啡生豆个头大，尺寸多为 S19，外观呈蓝绿色，美得令人着迷。

不幸的是，夏威夷在 2014 年发生了咖啡果小蠹虫害，在 2018 年火山喷发，随后又爆发了咖啡叶锈病，导致咖啡产量急剧下降。截至 2022 年，日本的夏威夷咖啡进口量已大幅减少。今后，消费者将越发难以品味到夏威夷科纳传统铁皮卡咖啡的风味了。

夏威夷咖啡庄园

感官评价 笔者将当年直接从夏威夷科纳庄园空运购买的咖啡信息列入下表，以供参考。这些信息可以反映出典型的铁皮卡品种特征。

夏威夷科纳咖啡（生产年份：2003—2004 年）

地区	品级	感官评价
Extrafancy	EF	咖啡生豆外观呈漂亮的蓝绿色，酸味饱满
Fancy	F	明亮的酸度、顺滑的口感，属于铁皮卡品种的基本风味
Peaberry	PB	具有酸味、甜味和顺滑的口感

此外，笔者还从夏威夷空运回了 3 种生产于 2021—2022 年的科纳 EF 级优质咖啡，并对其进行了感官评价和味觉检测。同时，选取了巴拿马瑰夏作为比较的参照对象。

巴拿马瑰夏酸度高、口感醇厚，在 SCA 感官评价中获得 87 分的高分，而夏威夷铁皮卡的整体评价则低于其全盛期：样本 1 号为 80.5 分，样本 2 号为 81.75 分，样本 3 号为 81.50 分。这 3 个样本均具有甜味，口感温和，但酸味较弱，风味轮廓模糊。官能评价分数和味觉检测值之间存在高度相关性（r=0.9499）。

夏威夷 100 年树龄的古老咖啡树

夏威夷科纳的铁皮卡品种咖啡（生产年份：2021—2022 年）

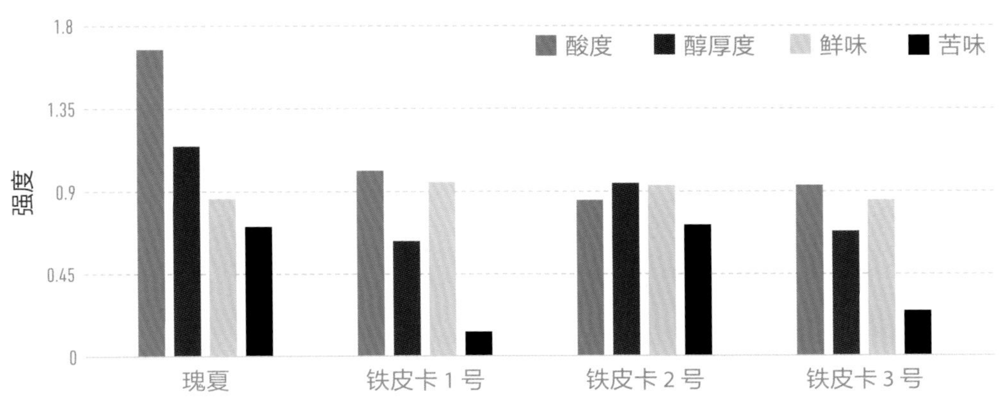

第 12 章　从原产国角度了解咖啡——亚洲篇

亚洲地区的咖啡生产量与消费量均呈现增长趋势

亚洲地区的咖啡生产量和消费量正呈上升趋势。越南是世界第二大咖啡生产国，印度尼西亚是世界第四大咖啡生产国。除前述生产国外，亚洲还分布有许多咖啡生产国。

这些亚洲国家的咖啡产品一直未能获得高品质评价。原因有二：一是许多生产国饱受咖啡叶锈病的严重影响，选择改种坎尼弗拉种；二是不少咖啡生产国将阿拉比卡种替换成了卡蒂姆系品种。

随着亚洲经济的发展，咖啡店的数量变多了，许多国家的国内咖啡消费量也在上升，咖啡生产者开始追求更高的品质。但是，泰国、缅甸和老挝等一众生产国，在生产、物流、仓储的基础设施方面存在薄弱环节，必须采取相应措施，才能提升并维持咖啡的品质。虽然目前这些国家的咖啡市场占有率还很低，但潜力十足，在未来 5~10 年内可能会迅猛发展。

亚洲地区的估算咖啡消费数据（2020—2021 年）显示，日本的消费量最高，高达 7386 千袋，韩国为 2900 千袋（估值，无数据）。预计在不久的将来，中国的咖啡消费量将赶超日本。印度尼西亚的消费量为 5000 千袋，菲律宾为 3312 千袋，越南为 2700 千袋，印度为 1485 千袋。中国的咖啡消费量估计已达 3000 千袋。不过，据笔者推测，目前亚洲地区对精品咖啡的消费量仍然处于极低水平。

1 印度尼西亚

Indonesia

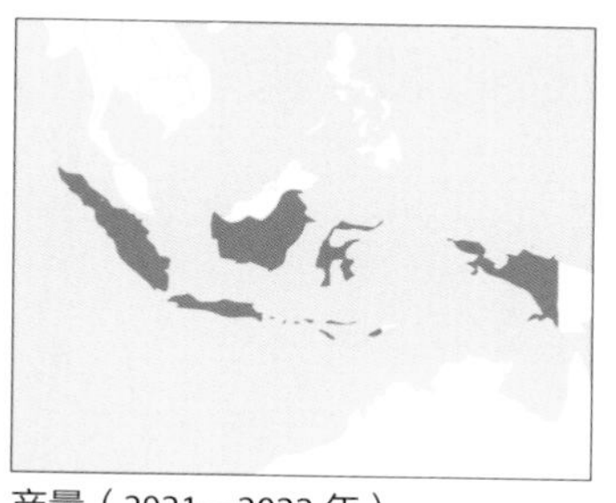

产量（2021—2022 年）
11554 千袋（60 千克 / 袋）

数据

产　　地：苏门答腊岛、苏拉威西岛、巴厘岛、爪哇
品　　种：阿拉比卡、坎尼弗拉
规　　模：小农户占大部分
产　　季：全年可采收，主要集中在 10 月至次年 6 月
精制法 & 干燥法：与其他生产国不同，直接干燥咖啡生豆
出口品级：G-1 品级每 300 克咖啡生豆中瑕疵豆最多为 11 个，G-2 品级瑕疵豆为 12~25 个，G-3 品级瑕疵豆为 26~44 个

概要

印度尼西亚是世界第四大咖啡生产国，曾一度遭受严重的咖啡叶锈病侵扰，许多产区便因此改种坎尼弗拉种。现今，印度尼西亚的阿拉比卡和坎尼弗拉生产比例分别占 10% 和 90%，阿拉比卡的主要产区为苏门答腊岛、苏拉威西岛和巴厘岛。苏门答腊岛的咖啡产量约占印度尼西亚咖啡总产量的 70%，其生产的阿拉比卡被称为“曼特宁”，出口商似乎是根据产地名称（曼特宁纳塔尔）或原住民曼特宁族为咖啡命名的。

苏门答腊岛多巴湖

苏门答腊岛的主要产区是北部的林东区和亚齐区，主要采收期为 10 月至次年 2 月，但其他月份也可采收。随着咖啡果小蠹虫害的影响加重，本地原生种的优质咖啡变得越发少见。

林东地区的咖啡树

品级

品级由 300 克咖啡生豆中的瑕疵豆数量决定，G-1 级瑕疵豆最多为 11 个，G-2 级瑕疵豆为 12~25 个，G-3 级瑕疵豆为 26~44 个。通常，品级较高的咖啡豆会被进出口商冠以品牌名称，如“××曼特宁”。

手工挑拣咖啡生豆

风味

苏门答腊咖啡的特色风味离不开其独有的精制方法——苏门答腊式精制法。直到 2000 年中期，笔者在前往林东地区调查时，才得以实地确认了这种方法。小农户会将当天采收的咖啡果去除果肉，经过半天到一天的干燥后，把湿润带壳豆（带有未完全干燥的内果皮）卖给中间商。中间商一般会将带壳豆脱壳，经日光晾晒干燥后卖给出口商。采用这种做法一方面是为了快速获得现金，更主要的目的是让咖啡生豆在多雨气候环境中快速干燥，而这也恰好造就了其独特的风味。

20 多年来，笔者一直购买使用的是采用特殊工艺（晒架晾晒、特别的手工挑拣等）精制的特定农户家的本土曼特宁咖啡。

曼特宁咖啡的基本风味

曼特宁咖啡品种大多属于卡蒂姆品系，酸度低、苦味稍重。相比之下，本土原生苏门答腊铁皮卡（被视为从咖啡叶锈病灾害中幸存的品种）则具有酸味明晰、口感顺滑的特点。优质的曼特宁咖啡在运抵海关港口时带有柠檬或热带水果的果酸味，散发出青草、柏树和杉树的芳香，在海关港口存放 6 个月或更长时间后，香草、香料和鞣革等复杂的风味就会显现出来。

卡蒂姆品种（阿腾品种）咖啡树

感官评价

本次笔者从林东区和亚齐区各挑选了两种咖啡，再加上 G-1 级和 G-4 级两种咖啡，总计采购了 6 种苏门答腊曼特宁咖啡。以这些咖啡作为样本，测量其 pH 和总脂量。本次检测结果表明，与亚齐咖啡相比，林东咖啡的 pH 更低（酸度更强），脂质量更高，风味更明晰。此外，林东和亚齐的咖啡均比 G-1 和 G-4 的咖啡酸度更强、脂质量更高，可以称得上是精品咖啡。尤其是林东 1 号，其脂质量高，具有曼特宁咖啡特有的顺滑口感。

6 种曼特宁咖啡的脂质量与 pH（生产年份：2020—2021 年）

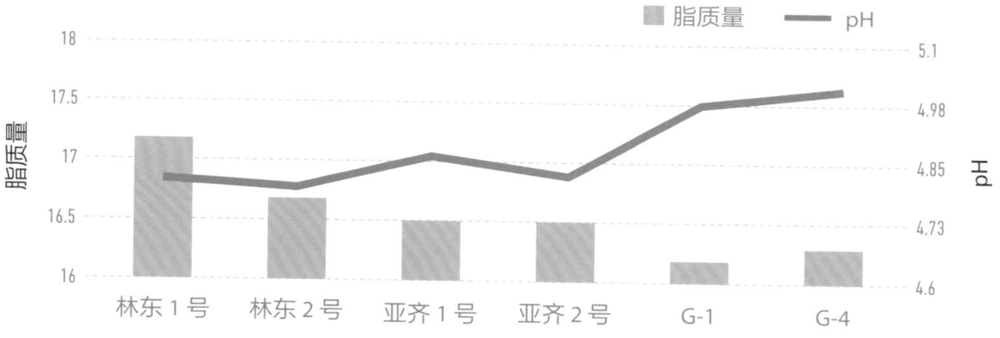

巴厘岛等其他岛屿

巴厘岛也生产阿拉比卡种咖啡，采用的精制方法是印度尼西亚罕见的水洗法。巴厘岛的咖啡酸味柔和，醇厚感适中，风味温和且均衡。

苏拉威西岛、爪哇和弗洛勒斯岛也是咖啡产地。在其生产的高产量坎尼弗拉系品种中，较为出名的要属 AP1（采用日晒法）和 WIB（采用水洗法）品种。

不同于世界上的大部分咖啡，苏门答腊岛本土原生曼特宁咖啡的风味独特且个性鲜明，大家不妨先从认识它着手。

巴厘岛的阿拉比卡种咖啡树

2　巴布亚新几内亚

Papua New Guinea

产量（2021—2022 年）
708 千袋（60 千克 / 袋）

数据

海　　拔：1200~1600 米

产　　季：5~9 月

品　　种：铁皮卡、阿鲁沙、卡蒂姆

精 制 法：水洗法

干 燥 法：日光晾晒

概要

据说，巴布亚新几内亚的铁皮卡品种是从牙买加移栽而来的。当地几乎都是小农户，由于管理不善和缺乏基础设施，他们生产出的咖啡品质不够稳定。相比之下，具有一定规模的庄园所生产的咖啡品质则更为优良，这种情况持续了很久。20 世纪 90 年代，哈根山地区庄园出品的咖啡生豆均为外观呈蓝绿色的高品质咖啡生豆，但从 2010 年起，受需求扩大的影响，庄园采取了从附近小农户手中收购咖啡果的措施，从而导致咖啡品质变得不稳定。

2010 年以后，日本也开始进口戈罗卡地区生产的咖啡，但其品质依然不够稳定，会随生产年份有所波动。

但换一个角度来看，巴布亚新几内亚也可以说是一个非常有价值的产地，那里至今仍保留着大量铁皮卡品种咖啡树。

铁皮卡品种的咖啡树

小农户的日光晾晒

感官评价

巴布亚新几内亚是笔者在2002年访问的咖啡生产国。当时，“西格里庄园”生产的咖啡豆非常漂亮，带有淡淡的青草味，堪称铁皮卡品种的典范。笔者将当时对几款咖啡的评价列入下表。

巴布亚新几内亚咖啡（生产年份：2003—2004年）

样本	评价	SCAA分数
哈根山的庄园	漂亮的绿色咖啡生豆，干净中带有青草的芳香和清爽的酸味，品质堪称铁皮卡品种的典范	84.75
戈罗卡的庄园	咖啡生豆很漂亮，口感清爽，符合铁皮卡的风味特征	83.50
小农户	青草的芳香，轻微的发酵味，瑕疵豆比庄园生产的更多	78.00

巴布亚新几内亚咖啡（生产年份：2021—2022年）

样本豆	含水量	pH	白利度	SCA分数	感官评价
A庄园	10.40	4.92	1.50	81	清爽酸味，味道略重，乳酸、青草风味
B庄园	11.50	4.95	1.70	81.5	明亮酸味，略带涩味
C庄园	12.30	4.94	1.60	81.5	橙子味，奶油般绵密，有酸奶味，略微变质

笔者选取了2022年市面上销售的3款新鲜咖啡生豆作为样本，对其进行了感官评价。

巴布亚新几内亚咖啡的基本风味

其咖啡的基本风味具有典型的铁皮卡品种特征，酸味和醇厚感均衡，并带有一丝青草味（正面评价）。这种风味与牙买加和哥伦比亚北部的马格达莱纳所产的铁皮卡咖啡风味一致。

手工挑拣咖啡生豆

3 东帝汶

Timor-Leste

产量（2021—2022 年）
100 千袋（60 千克 / 袋）

数据

海　　拔：800~1600 米
产　　季：5~10 月
品　　种：铁皮卡、波旁、坎尼弗拉
精 制 法：水洗法
干 燥 法：日光晾晒

概要

2003 年东帝汶独立以来，笔者就一直与日本和平之风（一家日本非营利组织）合作，协助该国发展咖啡产业。在 2003 年对东帝汶咖啡产业的实地调查中，我们发现海拔 1200~1600 米以上的山脊沿线产区生产的是铁皮卡品系和波旁品系，而海拔较低产区生产的是坎尼弗拉品系，许多地区都配套种植了遮阴树。最后得出的调查结论是：东帝汶具备咖啡生产条件，只要小农户精心施肥和认真加工，就有可能生产出优质咖啡。

勒特福后郡

笔者与和平之风携手推进东帝汶的咖啡产地开发，致力于优质咖啡生产，一晃已过去十多年。如今，除和平之风外，亚太资源中心这家日本非营利组织也在支援东帝汶的咖啡产业。

咖啡树的花

毛贝塞和埃尔梅拉等产区多由山脊

沿线的居民村庄构成，其中很多地方交通不便，咖啡果的集运成了一个问题。于是，我们让每个生产者自行除去咖啡果的果皮（由于没有水洗加工厂，使用的是日方借出的木制果肉分离机），清除带壳豆附着的黏液并进行日光晾晒干燥。笔者所在的团队为每一个生产者制订诸如上述的产品质量提升方案，帮助其稳定产品质量。

与中美洲的生产国相比，东帝汶的咖啡生产面临诸多挑战。受当地施肥不足及各地区土壤差异影响，东帝汶的不同农户每年生产的咖啡品质参差不齐。除此之外，还有许多其他问题亟待解决，如出口前的国内仓储物流问题、干处理的精度问题等，这些问题都需要耗费多年，通过开展培训等方式逐一去解决。

上述问题可以说是老挝、缅甸、泰国、菲律宾和印度等亚洲生产国的共性问题。自独立以来，东帝汶的部分咖啡品质有了显著提高，咖啡产业的发展为该国经济增长所作出的巨大贡献。

东帝汶咖啡的基本风味

东帝汶的优质咖啡整体风味温和，淡淡的柑橘酸味中带有一丝甜味，醇厚感略弱，有些咖啡还带有淡淡的青草香。与牙买加和巴布亚新几内亚咖啡属于同类型风味。

培训会：移栽（左图）、剪干㊀（中图）和修剪（右图）

培训会：杯测（左图）以村庄为单位，解说咖啡品质（中图）

农户表彰仪式

㊀ 剪干是当咖啡树减产时，从距地面 30~40 厘米处砍断其主干，以促进树木更新生长，采用这种方式，就能比重新移栽更快收获果实。

感官评价

本次使用的样本为东帝汶各个村庄所生产的铁皮卡品种咖啡，由笔者进行感官评价和味觉检测。这些样本均是按村庄分批管理的咖啡。只有铁皮卡 1 号未达到精品咖啡标准，与其他样本存在风味差异。铁皮卡 2~4 号的风味强度规律近乎相同。感官评价分数与味觉检测值之间存在相关性（r=0.7063），表明感官评价的结果是合理的。

东帝汶是一个充满回忆的地方。笔者从 2003 年起，一直参与这里的咖啡栽培、精制试验，增长了不少经验。在东帝汶咖啡中，出类拔萃的产品并不多，但也有一些达到了精品咖啡标准，可以通过这些咖啡体验铁皮卡品系的风味。

实验苗圃

铁皮卡品种咖啡果

波旁品种咖啡果

东帝汶铁皮卡品种咖啡的味觉检测与感官评价（生产年份：2019—2020 年）

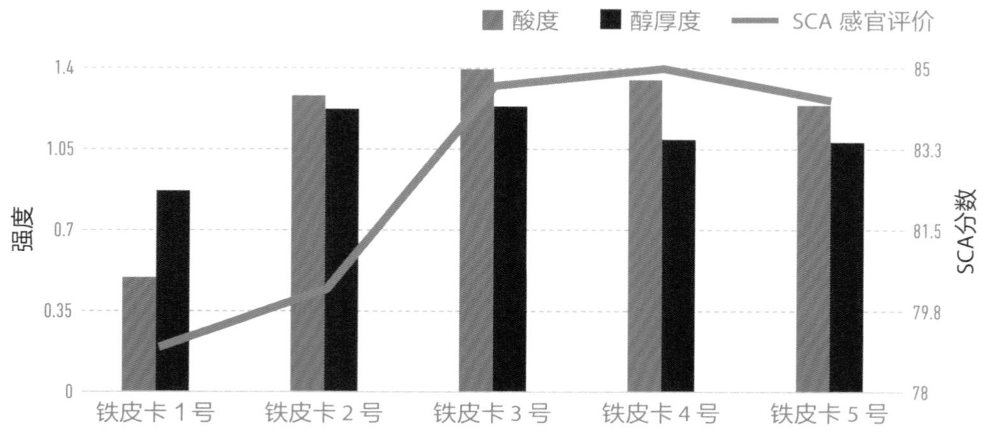

4 中国

China

概要

中国既是咖啡的生产国，也是咖啡的出口和进口国。云南省的咖啡产量占全国总产量的 95% 以上，主要生产卡蒂姆品种和少量铁皮卡品种。据说近年来，仅该省的产量就达到 200 万袋左右。预计未来国内市场的需求仍会增加，中国有望发展成为全球主要咖啡消费国之一。

右图显示中国过去 5 年的生产量和过去一年的咖啡消费（生产年份：2020—2021 年）估算量。如果这一趋势持续下去，预计中国的咖啡消费量将在 10 年内超过日本。

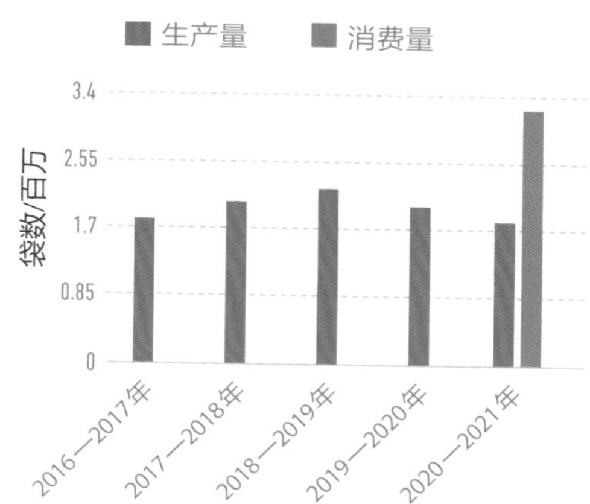

云南铁皮卡品种（生产年份：2019—2020 年）

精制法	水分	pH	感官评价	SCA 分数
水洗法	11.0	5.2	口感柔和，淡淡的酸味，醇厚感稍弱	80
日晒法	9.6	5.2	干燥状态良好，口感顺滑，香气怡人	81
半日晒法	9.9	5.2	口感顺滑，风味甜美	82

笔者从云南当地的庄园采购铁皮卡品种咖啡，采用 SCA 评价法对其进行感官评价，结果如上表所示。该庄园试验了各种精制方法，所产出的咖啡风味相对纯净、易入口，几乎没有中国卡蒂姆品种咖啡的混浊特征。

5 其他生产国

Other Countries

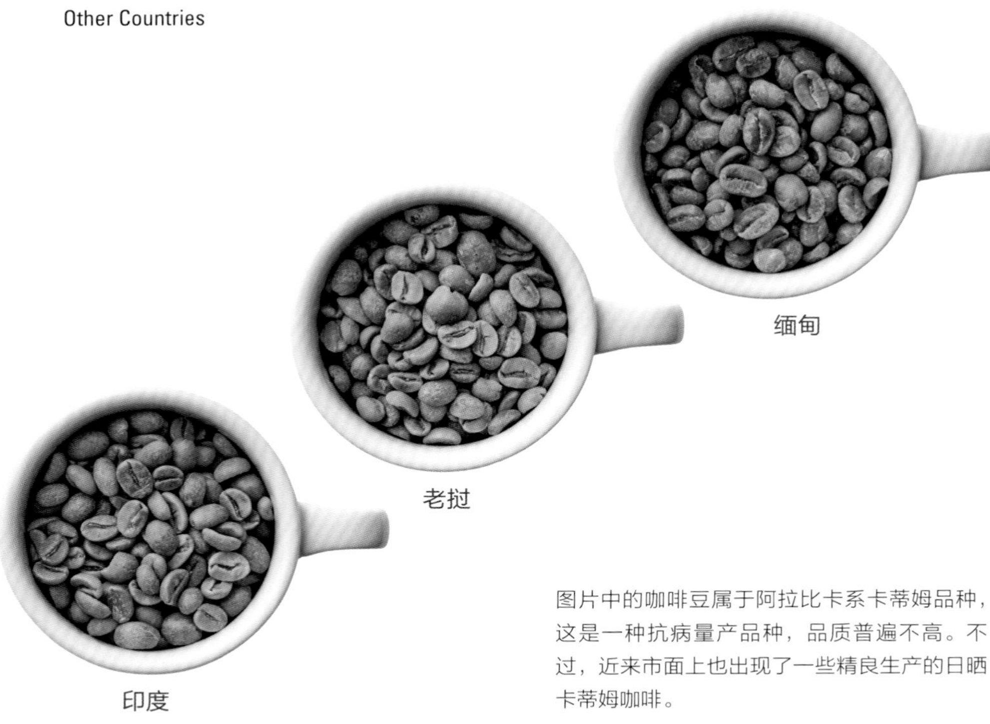

图片中的咖啡豆属于阿拉比卡系卡蒂姆品种，这是一种抗病量产品种，品质普遍不高。不过，近来市面上也出现了一些精良生产的日晒卡蒂姆咖啡。

印度咖啡

印度拥有悠久的咖啡生产历史，从17世纪末就开始栽培咖啡。由于咖啡叶锈病蔓延，众多庄园现已改种坎尼弗拉种。目前，印度生产的咖啡中阿拉比卡种约占30%，坎尼弗拉种约占70%。

该国的主要咖啡产区是印度南部的卡纳塔克邦，其产量占比约为70%。印度的咖啡产量仅次于巴西、越南、印度尼西亚、哥伦比亚、埃塞俄比亚、洪都拉斯和乌干达，总产量的70%均用于出口（生产年份：2019—2020年）。日本也从印度进口了大量坎尼弗拉咖啡，作为商用用途，一般消费者几乎没有机会接触到印度咖啡。

另一方面，经济增长带动了印度城市地区咖啡连锁店的兴起，扩大了印度国内咖啡市场，预计其咖啡消费量在未来将会持续增长，这一点与中国相似。

缅甸咖啡

从缅甸旅游归来的朋友，常会将当地的咖啡作为手信赠予笔者。

缅甸同时生产阿拉比卡和罗布斯塔两种咖啡，年生产量约为 141 千袋（60 千克 / 袋）（其生产数据来源于联合国粮食和农业组织），而非国际咖啡组织。因产量本身不高，故很难在日本市面上见到。

菲律宾咖啡

1889 年前后，菲律宾惨遭咖啡叶锈病打击，其咖啡主产区八打雁省的咖啡庄园被迫改种其他作物，造成咖啡急剧减产。此后，其咖啡生产国的身份逐渐被大众淡忘。

1990—1991 年，菲律宾的咖啡产量为 974 千袋，2000—2001 年降至 341 千袋，此后的产量一直保持在 350 千袋左右。

同时，菲律宾的咖啡消费量略有增加，从 2017—2018 年的 3180 千袋增长为 2020—2021 年的 3312 千袋。其消费量在亚洲仅次于日本和印度尼西亚。在遭遇咖啡叶锈病的毁灭性打击之前，菲律宾曾是亚洲的咖啡主要生产国之一，具备巨大的生产力潜力。

老挝咖啡

1915 年左右，法国人将咖啡树苗带到了老挝南部的波罗芬高原（海拔 1000~1300 米），开启了老挝的咖啡栽种历史。后来，老挝遭受咖啡叶锈病的毁灭性打击，而后改种坎尼弗拉种，但不幸又逢战乱，农地因此荒废。20 世纪 90 年代末，国际咖啡组织开始记录老挝的咖啡生产数据。目前，其咖啡产量已超过泰国，出口日本的数量也达到 62 千袋，赶超萨尔瓦多和哥斯达黎加。据推测，老挝的咖啡以坎尼弗拉种居多，阿拉比卡种占 25%~30%，主要为卡蒂姆品种。老挝主流的咖啡精制法是日晒法，但也有少量采用水洗法。在日本市场上很少能看到老挝咖啡，或许是因为它们大多被饮料制造商和大型咖啡烘焙商收购使用了。

除上述国家外，泰国、尼泊尔等国家也在生产咖啡。

6 日本冲绳县的咖啡栽培

概要

冲绳县有将近100年的咖啡栽培历史。古时，曾有日本人移民至巴西和夏威夷，回日本后便开始从事栽培种植咖啡。笔者曾在2015年前往冲绳县实地考察，而后一直关注其发展情况。那时，当地的咖啡栽培者主要为小农户（约20人）群体，他们是出于休闲的目的栽种咖啡。此外，也有一些有志之士以咖啡的商业化生产为目标，开展相关活动。

笔者调查的那一年，恰逢台风灾害，咖啡产量锐减，据估计，当年冲绳本岛的总产量仅为20袋（60千克/袋），准确数据已无从考证。

近期，冲绳又有了咖啡生产的新动向。2019年4月，名护市启动了“冲绳咖啡项目”，为休学者和蛰居族提供陪伴和支援的非营利组织也开始在各种农园开展咖啡树苗的移栽管理、咖啡果的采收等活动。

冲绳北部的农庄

冲绳南部的农庄

温室栽培

红土

蒙多诺沃品种咖啡树

防风林

问题点

冲绳台风灾害频繁，北风频吹，冬冷夏热，气候条件十分恶劣。此外，咖啡的采收期在 1 月左右，正值冲绳的雨季，干处理也相当困难。同时，由于缺乏专门的咖啡果、带壳豆加工设备，不得不大量依赖手工作业，而且也难以获得晾晒场地。综合以上因素可知，目前冲绳的咖啡生产条件尚无法满足大量生产需求。有些人从日本内陆移居到冲绳后便开始栽培咖啡，但鉴于上述情况，在此地想仅靠咖啡生产维持生计是不现实的。

笔者的观点是，要想在冲绳实现长久稳定的生产，就必须筛选出具有防风林、不受海风影响的合适栽培场所。同时，研判是否采取温室栽培方式。另外，还需要将农园打造成为旅游景点来运营，以增加收入。

冲绳的传统咖啡品种是蒙多诺沃（包括红果和黄果品种），其酸度偏弱，风味与巴西咖啡相似。

冲绳蒙多诺沃的红色咖啡果

冲绳蒙多诺沃的黄色咖啡果

蒙多诺沃品种的咖啡生豆（左图、右图）

第 13 章　从品种着手挑选咖啡豆——阿拉比卡种

1　咖啡的品种

咖啡树是自然生长或人工栽培于热带地区的茜草科常绿木本植物，在植物学分类上属于茜草科咖啡属的小粒咖啡种。这里的小粒咖啡就是通常所说的阿拉比卡咖啡，其他的主要栽培品种还包括中粒咖啡（坎尼弗拉咖啡）和大粒咖啡（利比里卡咖啡）等。

此外，种的下级还分为亚种、变种和栽培品种。

亚种是指物种分布在不同地区的种群，具有适应所在地区地理环境的形态特征，种群间通常不发生自然杂交。

变种是指在形态、颜色等外观上，自然产生了变异的个体，可与同种其他个体自由杂交，并将该变异特征遗传给后代。

还有一种变种叫作“培育品种”，它是经过人工选择和改良的品种。

可是，在现实生活中，这些种的分类非常棘手。人们很难将亚种、变种和栽培品种严格区分开来。因此在本书中，笔者把“种”分为三类：阿拉比卡种、坎尼弗拉种和利比里卡种，将下级的亚种、变种和栽培品种都统称为“品种”。在文中会出现阿拉比卡种、铁皮卡品种、波旁品种等描述。

阿拉比卡种

相信随着基因分析研究的发展，未来将会出现全新的系统性咖啡分类体系。

目前，商业化生产的咖啡栽培品种大致分为两大系：铁皮卡品系和波旁品系。二者均通过也门的港口向外运输，实现全球传播。这两大品系经过反复杂交，造就了今天的各种咖啡品种。

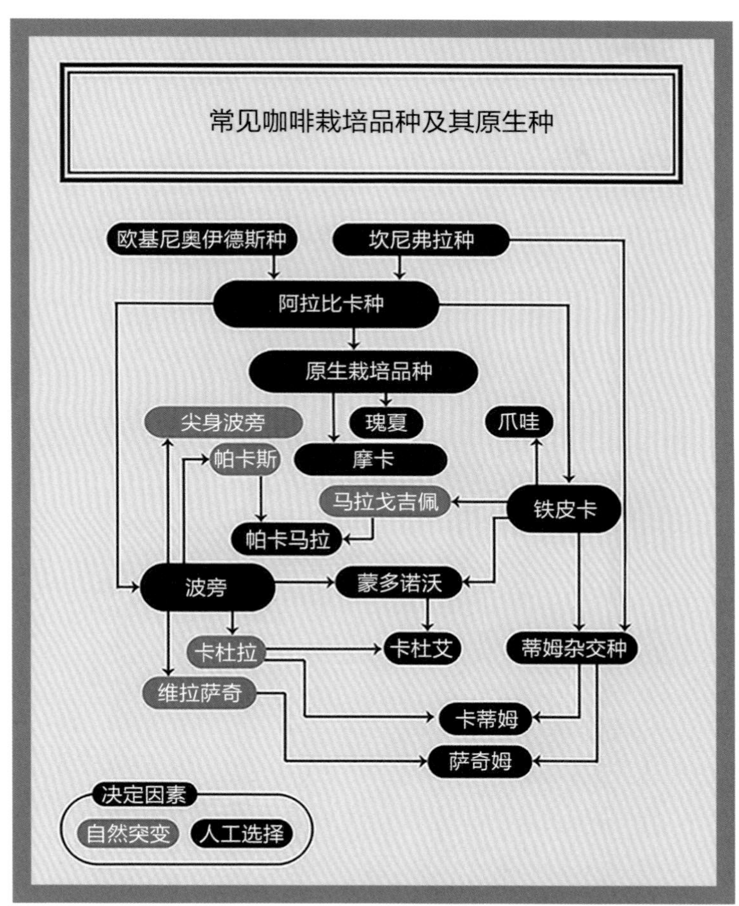

上图为SCA制作的咖啡谱系图。

该图显示了常见咖啡品种之间的关系。连接植物种群的线条和箭头表示亲缘关系。浅色是自发性基因变异（自然突变）产生的品种。欧基尼奥伊德斯种自然生长于东非高原，分布在刚果、卢旺达、乌干达、肯尼亚和坦桑尼亚西部等地区，据说，其咖啡因含量比阿拉比卡种低。阿拉比卡种是欧基尼奥伊德斯种和坎尼弗拉种的后代。

2 阿拉比卡种与坎尼弗拉种

阿拉比卡种树高5~6米，深绿色叶片长10~15厘米，适合栽培在海拔800~2000米的高海拔地区。一般来说，其种子发芽需要6星期，从开花到结果需要3年，达到采收条件则需要3~5年。咖啡树的寿命因品种而异，一般在20年左右。

坎尼弗拉种主要包含罗布斯塔品种和科尼伦品种（巴西生产品种）。“罗布斯塔”作为“坎尼弗拉”的商品名，在全球广泛应用于生产、交易、销售和消费的方方面面，以至于大众将其误认为是种名。本书使用“坎尼弗拉”的标准名称，但在某些情况下也会使用“罗布斯塔种”的表述。

坎尼弗拉种与阿拉比卡种相比，树体更高大，叶片也更厚、更大。该品种生长迅速，栽种第一年就能结果，3~4年后就能达到商业产量。具有咖啡叶锈病抗性、耐粗放管理、产量高等优点，可在海拔800米以下地区栽培，但在风味方面不及阿拉比卡种。坎尼弗拉种的单价较低，一般用于与阿拉比卡种拼配增量，以及制作罐装咖啡和速溶咖啡等工业产品。

阿拉比卡种铁皮卡品种

利比里卡种是原产于非洲西部利比里亚的一种强壮咖啡品种，树高可达10米，叶、花、果均较大，具有抗病性，适宜栽培于低海拔地区。其生命力旺盛，可作为砧木，用于嫁接阿拉比卡种。

阿拉比卡种与坎尼弗拉种的区别

条目	阿拉比卡种	坎尼弗拉种
气候条件	雨季和干季带来的适度湿润与干燥条件	高温多湿的环境下也可生长
繁殖方式[㊀]	自花授粉	异花授粉（自花不稔性）
生产率	60%左右	40%左右
生产国	巴西、哥伦比亚、中美洲国家、埃塞俄比亚、肯尼亚等	越南、印度尼西亚、巴西、乌干达等
pH	5.0左右，酸度高的在4.7左右（中度烘焙）	5.4左右，酸度弱（中度烘焙）
咖啡因含量	1%	2%
风味	优质风味是酸味活泼、口感醇厚	无酸味，苦味重，泥土味
价格	价格从便宜到昂贵不等	基本比阿拉比卡种便宜

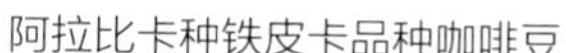
阿拉比卡种铁皮卡品种咖啡豆

坎尼弗拉种咖啡豆

㊀ 自花授粉是指同一朵花中，雄蕊花粉落到雌蕊柱头上的受精过程。这意味着阿拉比卡种只要有一棵植株就可以繁殖后代。坎尼弗拉种则相反，它是异花授粉。因此，阿拉比卡种几乎无法与坎尼弗拉种杂交。

3　阿拉比卡的品种家族

阿拉比卡的品种家族中有许多商业化栽培、销售的品种。在本书中，笔者将这些品种分为以下几类：传统原生种、原生种、选育和改良种、突变种、自然杂交[㊀]种和杂交种。

杂交种是不同品种杂交（通过异花授粉）产生的植物。阿拉比卡种存在一定的异花授粉概率，其在无人为干预情况下自然产生的品种被视为自然杂交种。

阿拉比卡的品种家族

分类	品种	内容	主要生产国
传统原生种	埃塞俄比亚系	栽培历史悠久的野生品种等	埃塞俄比亚
原生种	也门系	传统品种，如 Udaini、Tufahi 和 Dawaili 等	也门
	铁皮卡	由也门经爪哇、加勒比群岛传播	牙买加
	波旁	由也门经留尼汪岛传播	坦桑尼亚
	瑰夏	原产自埃塞俄比亚，栽培于巴拿马	巴拿马
选育和改良种	SL	由肯尼亚咖啡研究所从波旁品种选育而来	肯尼亚
突变种	摩卡	波旁的突变品种，咖啡豆颗粒小	毛伊岛
	马拉戈吉佩	在巴西发现的铁皮卡突变品种	尼加拉瓜
自然杂交种	蒙多诺沃	铁皮卡与波旁的杂交种	巴西
杂交种	帕卡马拉	帕卡斯和马拉戈吉佩的杂交种	萨尔瓦多
	卡杜艾	蒙多诺沃与卡杜拉的杂交种	巴西

㊀　本书中的“杂交”指的是传统杂交，即两个不同基因型个体通过生殖细胞的结合，产生下一代的行为，而非采取基因编辑技术的分子杂交。咖啡属于非转基因产品。

4　埃塞俄比亚的野生咖啡——“原生种”

据估计，埃塞俄比亚有超过 3500 种野生咖啡品种，其中绝大多数尚未经过基因鉴定。实地考察就会发现，当地的咖啡树外形各异，难以从中识别出商用栽培品种。除哈拉尔等长粒品种之外，其余均是小粒品种。

埃塞俄比亚的咖啡生产者多为小农户［平均耕地面积为 0.5 公顷（5000 米^2）］，每个农户的年产量约为 300 千克，该种生产方式被称为“田园咖啡”。当地也有“国营庄园”，但产量不高。此外，还有“森林咖啡”和“半森林咖啡”这两种通过采收野生咖啡果进行生产的方式，其难点是森林中的干燥场地十分有限。

埃塞俄比亚的许多咖啡品种历经多年栽培，已适应了当地的环境条件，被称作“地方种”或“原生种”。吉马农业研究中心正在对森林中的咖啡树开展研究，以开发具有更强抗病性和更高产量等特性的品种。

在埃塞俄比亚顶级咖啡的宝库——盖德奥（耶加雪菲）、西达摩和古吉，分布有 Wolisho、Kudume 和 Dega 三个地方种，以及吉马农业研究中心选育开发的 74110 等咖啡浆果病抗性品种。不过，在埃塞俄比亚的咖啡生产过程中，品种混杂的现象十分普遍，因此，尚无法从混种咖啡中辨别出地方种的详细特征。

在埃塞俄比亚，本土品种分布在不同地区，在历经了漫长的栽培历史后，形成了地域性的产量和风味特征。

埃塞俄比亚的栽培咖啡树形状各异

埃塞俄比亚的行政区划分为3级——民族州、区（二级区划，全国约有70个区）和县（三级区划）。近来，该国推出了生产区域限定的精品咖啡，这种咖啡的生产履历按3级行政区标注了详细产地，如奥罗米亚州－古吉区－罕贝拉县。

G-1品级的水洗精品咖啡（瑕疵豆的混入率低）的风味能令人联想起蓝莓或柠檬茶。G-1品级的日晒精品咖啡则带有甜橙和桃子的果香，其中，无发酵味的优质品甚至能散发出勃艮第红酒的清香。

品种的混杂也未能掩盖埃塞俄比亚咖啡独特的地区风味。在过去数年，埃塞俄比亚的咖啡风味发生了翻天覆地的变化，值得大家品尝。

地方种咖啡树

埃塞俄比亚的小农户

采收咖啡果

5 也门的品种

也门原生种咖啡豆

埃塞俄比亚人有饮用咖啡的习惯，但也门人没有，也门人经常咀嚼具有提神效果的阿拉伯茶，也喜欢将干燥咖啡果肉、小豆蔻和生姜等煮制成“咖许”饮用，这种饮品的功效与阿拉伯茶相似。也门气候干燥，生产者通常将咖啡果制成果干长期保存，因此该国出口的均是生产日期不明的咖啡生豆。这些咖啡大多带有浓烈的发酵味，品质称不上好，却受到日本人的喜爱，被称为“摩卡玛塔莉”。

中南美国家也有一个与咖啡相关的饮食习惯——将水洗法中去除的咖啡果肉晒干后，制成一种叫作“咖啡果皮茶”的饮品。

大约在2010年，也门推出了少量产地可溯源的高品质新季咖啡，这些产品主要来自于哈拉吉、巴尼玛塔等产区，其栽培环境是峡谷地带的干河谷（海拔1500米的平坦河床）和梯田（海拔1500~2200米）。目前，受政局动荡影响，日本对也门咖啡的进口量少到几乎可以忽略不计。

也门咖啡是铁皮卡传播种和波旁传播种的祖先，前者由摩卡港（现已废弃）经印度、爪哇传播开来，后者则通过留尼汪岛传播出去。优质的也门咖啡带有红酒和水果味道，口感如巧克力般浓郁

成熟的咖啡果

也门原生种咖啡树

醇厚，风味极富个性。遗憾的是，难以准确辨别其咖啡的具体品种。

美国国际开发署在2005年发布的一份调查报告显示，也门的咖啡品种基本可分为4种：Udaini、Dawairi、Tufahi和Bura'i。此外，经过更多研究机构的数据收集分析，又补充了Abu Sura和Al-Hakimi这两个品种，也就是说，也门咖啡的主要品种一共有6种。在美国国际开发署发布调查结果后，研究人员开始了新一轮研究——对也门咖啡使用基因分析法进行品种分类。

也门咖啡产自如沙漠般干燥的环境，由此可推测它应该具备耐受温差和干旱的特性。因此，对充满未知的也门咖啡进行研究，解开其对抗恶劣环境的遗传特性之谜，将有益于未来咖啡的可持续生产。

Udaini 品种

Dawairi 品种

咖啡果的手工筛分

咖啡生豆的手工筛分

感官评价

本次使用的样本是6种日晒法（N）精制咖啡，购自2022年8月举办的首届也门国家咖啡拍卖会。对样本进行味觉检测，得出下图数据。

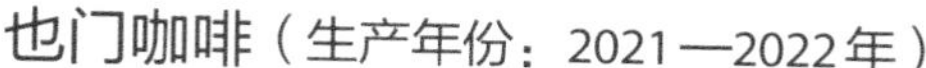

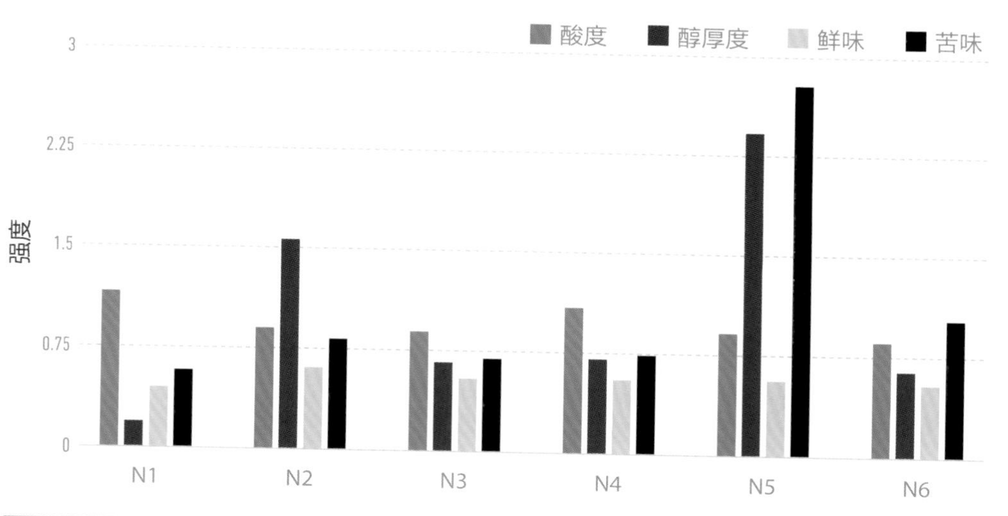

这6种样本的拍卖会品评分数从87.4~88.75分不等，整体评分较高，彼此差距不大，但味觉检测值却差异明显。笔者推测，该结果或许是由品种的地域差异和日晒法的干燥工序差异造成的。品评分数和味觉检测值之间未见相关性（r=0.2945）。这些日晒法精制咖啡非常新鲜，风味干净。缺点是彼此风味相似度高，品尝不出区别。如今，时代变了，连也门咖啡也变得如此风味纯净，着实令笔者感慨万千。

你从现在的也门咖啡中能品尝到过去没有的红酒和巧克力风味，但这种优质咖啡流通量极少，推荐大家看好生产履历再购买品尝。

6 瑰夏品种

瑰夏品种咖啡豆

瑰夏诞生于埃塞俄比亚的瑰夏村，该品种曾保存在哥斯达黎加的热带农业研究高等教育中心，而后被巴拿马的庄园引种栽培。在 2004 年的最佳巴拿马拍卖会上，来自波魁特地区翡翠庄园的瑰夏斩获第一名，凭借其浓郁的水果风味而一跃成名。

当时，笔者也参与了瑰夏的拍卖，一直竞价到凌晨 3 点多，但最终因价格太高而放弃了。

瑰夏的主产地是巴拿马，因其价格昂贵，其他中南美国家也慕名开始生产该品种。

使用气相色谱 – 质谱联用仪㊀分析瑰夏，结果表明，其所含菠萝、香蕉和甜苹果的香气成分（丙酸乙酯和异戊酸乙酯等）明显高于其他品种。同时，其香气成分的种类也更多。这些成分造就了瑰夏复杂的水果风味。

巴拿马瑰夏咖啡树

巴拿马瑰夏咖啡树的叶片

㊀ 气相色谱 – 质谱联用仪（GC/MS）是一种利用质量信息对所分离的气体成分进行定性和定量分析的仪器，该技术是目前研究香气的主流技术。

感官评价

本次的样本是 9 家不同庄园出品的瑰夏，购自 2021 年“最佳巴拿马”。对其进行味觉检测，得出下图结果。拍卖会采用的是 SCA 评价法，对样本的品评分数均达到 90 分以上（92~93.5 分）。笔者个人的感官评价也呈现出相同的结果——样本均具有花香和活泼的水果风味。然而，味觉检测结果却显示出较大差异，检测值与拍卖会品评分数之间的相关性很弱（r=0.5722）。

这 9 种瑰夏之所以表现出如此活泼的酸味，或许是跟除柠檬酸以外的其他有机酸有关，但仅凭目前的分析，尚无法确定具体原因。

巴拿马的水洗瑰夏咖啡（生产年份：2020—2021 年）

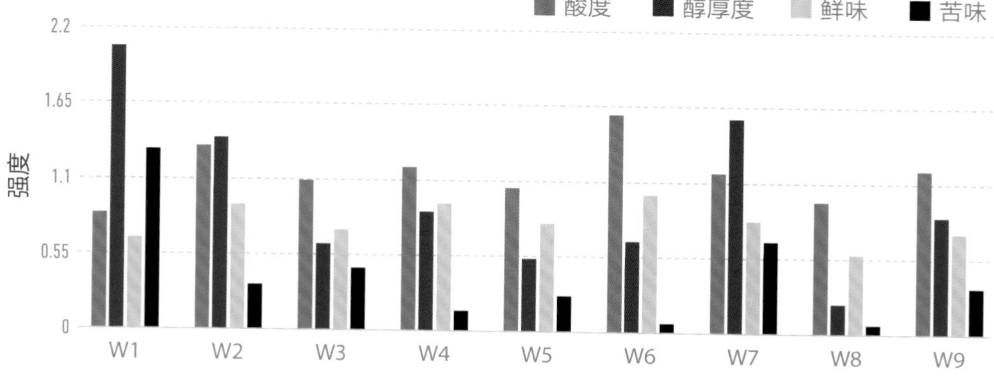

有一种瑰夏品种与巴拿马瑰夏分属不同品系，由马拉维共和国从热带农业研究高等教育中心引种栽培。这种瑰夏种子外形略圆，被命名为“瑰夏 1956”，以与巴拿马瑰夏作区分。笔者觉得该品种很新奇，曾使用过一段时间，可以说，其风味更接近于波旁，不如巴拿马瑰夏那般活泼。

瑰夏品种咖啡的基本风味

优质瑰夏咖啡以柑橘类水果的甜酸味为基调，带有桃子、菠萝等各种水果风味。水洗瑰夏的风味更加细腻。

7 铁皮卡品种

铁皮卡品种咖啡豆

铁皮卡咖啡从也门启航，经斯里兰卡、印度，最终被移植到印度尼西亚的爪哇岛。1706 年，爪哇铁皮卡咖啡被移栽至阿姆斯特丹植物园，经巴黎植物园传往马提尼克岛。19 世纪后期，该品种又被传播至加勒比群岛和拉丁美洲各国家。

铁皮卡咖啡传播到各地后，演变形成了一众咖啡品种。铁皮卡作为起源品种，其风味被定位为咖啡的原始风味，可以之为标准，比较其他品种的风味，由此可见其重要性。笔者建议大家先学习了解铁皮卡咖啡的风味。

铁皮卡咖啡的主要产地是加勒比群岛，但是，除了牙买加以外，其他加勒比群岛生产国的产量均已大幅下降。哥伦比亚在 20 世纪 70 年代就已经改种卡杜拉品种。夏威夷在 2012 年的咖啡果小蠹虫害及 2020 年的咖啡叶锈病的影响下，铁皮卡咖啡产量锐减。目前，铁皮卡咖啡的主要生产国仅限于东帝汶、巴布亚新几内亚和牙买加，此外，中南美等地区也仍有少量生产。铁皮卡咖啡豆纤维柔软，大多在抵达海关港口后的 6 个月之内可保持新鲜，之后风味会逐渐降级，产生枯草般的气味。

铁皮卡品种咖啡的基本风味

在 30 年的职业生涯中，笔者一直在寻求这个品种的咖啡。东帝汶、巴布亚新几内亚、哥伦比亚北部、牙买加、古巴和多米尼克的铁皮卡咖啡具有淡淡的甜味和青草香气，而夏威夷、巴拿马和哥斯达黎加的铁皮卡咖啡则口感丝滑，浓郁醇厚，两者之间风味略有差异。

铁皮卡咖啡树的新芽呈古铜色。从前，波旁的新芽呈绿色，可以通过新芽颜色来区分这两个品种。但现在，有些波旁品种也会长出古铜色的新芽。右图是东帝汶的铁皮卡咖啡树。

左图是夏威夷科纳的铁皮卡咖啡树在施肥后呈现出良好的长势，预期产量较高。右图是巴布亚新几内亚的铁皮卡咖啡树，可能是施肥不足而导致营养不良，或是树龄较老造成的状态不佳。

巴拿马庄园的铁皮卡咖啡树

牙买加庄园的铁皮卡咖啡树

8 波旁品种

波旁品种咖啡豆

1718 年，荷兰将阿姆斯特丹植物园的咖啡树苗引入其殖民地苏里南（荷属圭亚那，位于南美洲东北岸，于 1975 年独立。当时的圭亚那被殖民者瓜分为英属、法属、荷属 3 部分），拉开了波旁品种传播历史的帷幕。1727 年左右，苏里南的波旁咖啡树幼苗被传播到巴西北部的帕拉州，几经波折后，又分别于 1760 年和 1780 年被传播到里约热内卢州和圣保罗州。1859 年，圣保罗州和巴拉那州从留尼汪岛引进波旁品种咖啡树，成为该品种的主要产区。1975 年巴西遭受严重的霜冻灾害后，将咖啡生产地转移到北部的米纳斯吉拉斯州、圣埃斯皮里图州和巴伊亚州。在此期间，巴西的咖啡品种呈多样化发展，于 1875 年启动红波旁栽培，于 1930 年发现黄波旁，随后又培育出卡杜拉、蒙多诺沃和卡杜艾等品种。

另一方面，1715 年，法国东印度公司将来自也门的咖啡树苗移栽到印度洋波旁岛（现在的留尼汪岛）的一座修道院的花园里。当时正值波旁王朝时期，于是该树苗的后代便被命名为“波旁”。后来，在 1878 年，法国传教士将留尼汪岛的波旁咖啡树引入东非的坦桑尼亚。在坦桑尼亚的乞力马扎罗山脚下，德国殖民者也开始栽培该品种。1900 年，苏格兰传教士将这一品种引入了肯尼亚。

未经修剪的波旁咖啡树的树高超过了 4 米

这些由留尼汪岛的波旁衍生出来的咖啡品种，一路传播到东非的国家和巴西，后来也被引种至中美洲各国，共同组成了波旁品系。阿拉比卡种的主要栽培品种就是由这个波旁品系和前述的铁皮卡品系构成的。

危地马拉安提瓜产区的咖啡庄园多为世代经营，历史悠久，其生产的咖啡品质非常稳定。因此，笔者认为用这个产区的咖啡风味来代表波旁品种的基本风味是最为合适的。

波旁咖啡的主要产地是危地马拉、萨尔瓦多、卢旺达和巴西等地区。肯尼亚的 SL 品种也可视为波旁系品种。坦桑尼亚的咖啡虽然也属于波旁系品种，但许多品种与阿鲁沙品种和肯特品种进行过杂交。

波旁品种咖啡的基本风味

相较于铁皮卡咖啡，波旁咖啡的口感更为醇厚，柑橘果酸更明晰，两者达到了良好的平衡，可以称之为阿拉比卡种的基本风味。

波旁品种的咖啡果

萨尔瓦多咖啡研究所开发的波旁选育种（萨尔瓦多波旁）

危地马拉安提瓜的波旁咖啡树

厄瓜多尔的波旁咖啡树

感官评价

2021 年 10 月，卢旺达咖啡出口商和加工商协会举办了“品味卢旺达”拍卖会，旨在提升卢旺达咖啡在本国及国际的知名度。本次的 7 种水洗波旁咖啡样本就来自该拍卖会，对样本进行味觉检测，结果如图所示。

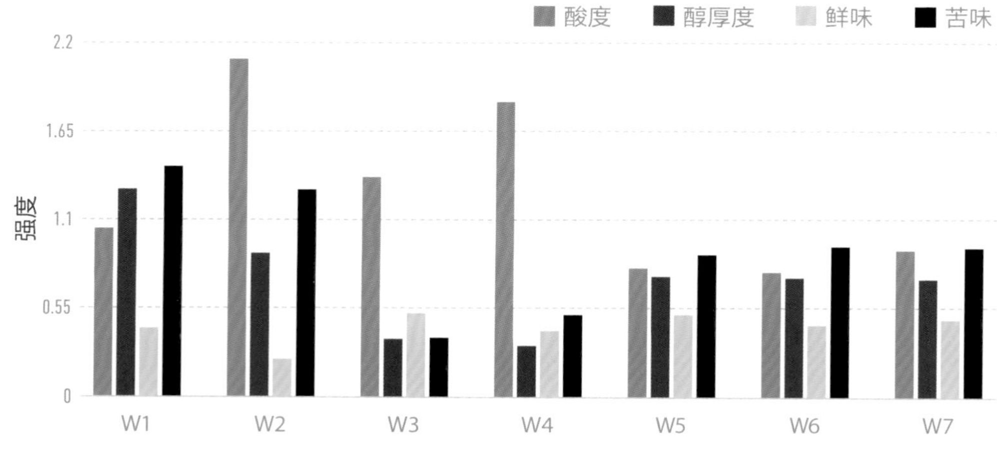

可以看出，即使是同一品种的咖啡，也会因产区不同而产生风味差异。W2 和 W4 酸味浓重，而 W5、W6 和 W7 风味强度规律基本相同，可以推测出其风味也彼此相似。拍卖会的评价较高，品评分数在 85~87 分。感官评价分数与味觉检测值之间可见高度相关性（r=0.8183）。

卢旺达的波旁咖啡树

9 卡杜拉品种

卡杜拉品种咖啡豆

卡杜拉是波旁咖啡树的矮生突变品种（树高较低）。它和波旁一样，能适应多样的栽培环境。类似的波旁突变品种还包括萨尔瓦多的帕卡斯品种和哥斯达黎加的维拉萨奇品种。

在飓风频发的多米尼克，生产者逐渐将铁皮卡品种替换成树高低、耐强风的卡杜拉品种。哥伦比亚和哥斯达黎加也将种植咖啡品种从铁皮卡和波旁更换为卡杜拉。不仅如此，由于卡杜拉植株矮小、易于采收，其产量几乎达到了铁皮卡的近 3 倍之多。危地马拉等中美洲国家也开始推广这个品种。卡杜拉有红卡杜拉和黄卡杜拉之分。

卡杜拉品种咖啡的基本风味

卡杜拉咖啡树的适宜栽培海拔一般在 1200~2000 米。危地马拉（海拔 1500 米左右）生产的卡杜拉比波旁风味略重，且带有混浊感。不过，在海拔 2000 米以上的咖啡产区，如哥伦比亚的纳里尼奥省和哥斯达黎加的小型处理站，就可以找到酸味饱满、口感醇厚的优质卡杜拉。

危地马拉的卡杜拉咖啡树

哥斯达黎加的维拉萨奇咖啡树

10 SL 品种

SL 品种咖啡豆

2005 年左右，肯尼亚的首都内罗毕附近的万戈农园等出品的咖啡开始销往日本，其果香风味令笔者大为震撼。SL 品种凭借其强烈的酸味（中度烘焙时 pH 为 4.75）和明晰的果味，成为精品咖啡的代表品种之一。

在 2010 年左右，肯尼亚的出口商尚未将水洗加工厂的咖啡产品纳入其出口名录，因此笔者只能另辟蹊径，获取内罗毕每周拍卖会的清单，接收样本确认风味，再参与竞价购买。在此期间，笔者在选豆方面反复试错，也借此机会认真学习了咖啡的品鉴技巧。

SL28 品种是由斯科特农业实验室（位于肯尼亚的研究所，在 1934—1963 年间培育开发出了多个咖啡品种）从波旁系品种中选育而成。SL34 品种据说也是同一实验室从卡贝特地区的罗瑞修庄园中选育出来的法国传教士系品种（法国传教士引进的波旁品种）。

实际上，这两个品种很难通过树形加以区分。

SL 品种极有可能是通过自然杂交产生的，难以根据树木和叶片的形状来辨别其品种。该品种酸度强、果味浓的原因，也尚未查明。

SL28 品种咖啡树

SL34 品种（法国传教士系品种）咖啡树

SL 品种咖啡的基本风味

SL 品种的咖啡富含柠檬酸，具有柠檬的强烈酸味和橙子的甜味，此外，也能品尝出樱桃、李子和树莓果酱等红色水果，黑莓和黑葡萄等黑色水果，百香果和芒果等热带水果，西梅干和葡萄干等果干的复杂风味，甚至还含有杏子酱和番茄的味道。正因如此，世界各地销售精品咖啡的众多贸易商（进口商）和咖啡烘焙商都慕名前去访问其产地。

大家可以先从肯尼亚的 SL 品种咖啡开始品尝，感受一下其水果风味。

感官评价

本次感官评价选用了哥斯达黎加小型处理站生产的铁皮卡、SL 和瑰夏品种咖啡。对样本进行味觉检测后得出下图结果。从图中数值可以看出，SL 品种咖啡酸味拔群。品种的风味是在其适应当地风土条件后，所展现出的独特个性，SL 品种咖啡却似乎不受产地的环境影响，无论栽培在何处，其酸味均十分突出。

哥斯达黎加水洗咖啡（生产年份：2020—2021 年）

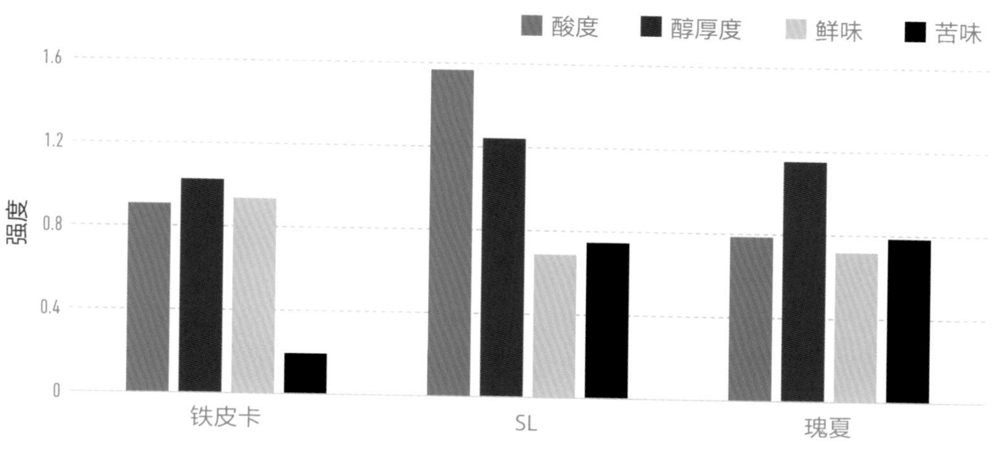

11 帕卡马拉品种

帕卡马拉品种咖啡豆

帕卡马拉品种是萨尔瓦多的国家咖啡研究所在 1958 年开发出的杂交品种，于 1990 年左右正式上市。它是帕卡斯品种（波旁的突变品种）和马拉戈吉佩品种（铁皮卡的突变品种）杂交产生的品种，品种名取自父本和母本名称的前 4 个英文字母。

萨尔瓦多的帕卡马拉咖啡树

帕卡斯咖啡树产量高，马拉戈吉佩咖啡树果实大，帕卡马拉继承了这两个优点，成为萨尔瓦多的代表性咖啡品种。

茵赫特庄园生产的帕卡马拉咖啡，在 2000 年中期的危地马拉互联网拍卖中，斩获第一名，从而一举成名。

帕卡马拉咖啡树的硕大叶片

它的酸味是一种结合了柑橘和树莓味道的果酸，这种风味在危地马拉也很少见，更是中美洲咖啡无法企及的。笔者认为帕卡马拉有两种风味类型：一是丝滑清爽；二是酸味活泼。

帕卡马拉咖啡价格虽不及瑰夏，但其在精品咖啡市场也颇受欢迎，比铁皮卡和波旁更贵。

推荐大家将帕卡马拉和瑰夏一起对比品尝。

帕卡马拉品种咖啡的基本风味

该品种咖啡具有花香风味，兼具铁皮卡系咖啡的丝滑口感和波旁系的甜酸味。其酸味以柑橘果酸为基调，结合红色水果味，又与铁皮卡和波旁咖啡的风味有所不同。

危地马拉庄园的红帕卡马拉咖啡果

感官评价

下图显示了茵赫特庄园在同一年份生产的两个品种味觉检测值的比较结果。这两个样本均具有活泼的酸度，但性质略有不同。优质帕卡马拉的柑橘果酸中会带着红色树莓的活泼风味，有时甚至可与瑰夏的水果风味相媲美。

帕卡马拉品种咖啡（生产年份：2021—2022年）

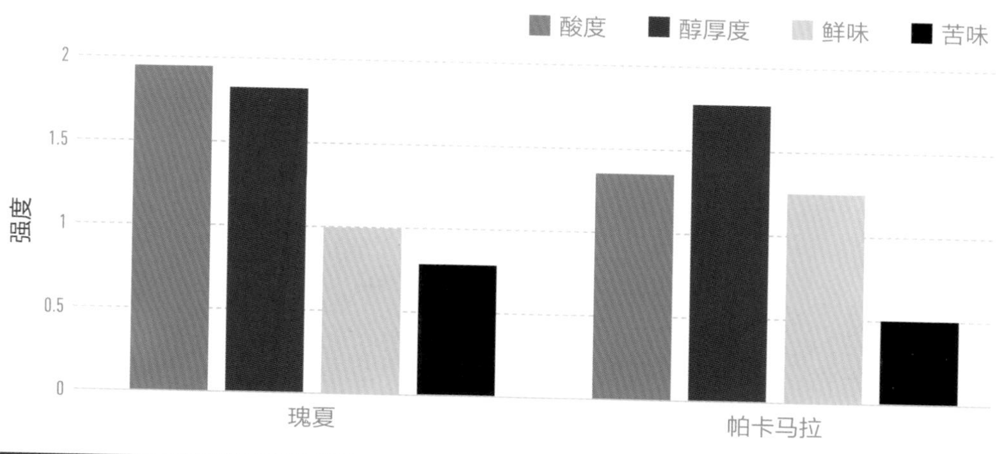

咖啡的栽培史是人类与咖啡叶锈病的斗争史

咖啡叶锈病

1861 年，咖啡叶锈病发现于肯尼亚的维多利亚湖畔，并扩散到世界各地。这是一种由咖啡驼孢锈菌引发的病害，一旦染病，叶片背面就会出现黄斑并凋落，树木最终走向枯萎死亡。咖啡叶锈病蔓延迅速，病菌孢子可附着在气体、昆虫、人类和机械上进行传播。阿拉比卡种由于基因距离近且缺乏抗性，甚至面临灭绝的风险。

过去，锡兰（斯里兰卡）的咖啡产业曾遭受咖啡叶锈病的毁灭性打击，被迫重塑产业形态，转而生产红茶。

在印度尼西亚，由于咖啡叶锈病感染，生产者选择改种产量更高、抗病性更强的坎尼弗拉种，目前该品种已占据其咖啡总产量的 90%。

咖啡树一旦感染上咖啡叶锈病，叶片就会黄化凋落，无法进行光合作用，造成树木枯萎死亡。

2000 年左右，哥伦比亚也爆发了咖啡叶锈病，导致其咖啡产量从 1100 万袋锐减到 700 万袋，阿拉比卡的期货价格暴涨。为了应对这种病害，哥伦比亚国家咖啡研究中心研究培育出了具有抗病性的卡斯蒂略品种咖啡树，并推进该品种的改种。此后，牙买加、萨尔瓦多和夏威夷科纳等国家和地区也遭受了咖啡叶锈病的严重打击。咖啡栽培史也可以说是一部人类与咖啡叶锈病的斗争史。

染上咖啡叶锈病的咖啡树叶

染上咖啡叶锈病的咖啡树

咖啡叶锈病的基本应对措施包括管理遮阴树[㊀]，改善通风，修剪病叶，清除杂草避免营养竞争，喷洒农药，对工作服、农具、拖拉机和麻袋等物品进行杀菌消毒以防病菌扩散等。同时，也要限制来自其他产地的访客。此外，还可以考虑改种具有抗病性的品种。

研究表明，抗叶锈病的品种如萨奇姆品种（由蒂姆杂交种和维拉萨奇品种杂交而来）和卡蒂姆品种（由蒂姆杂交种和卡杜拉品种杂交而来），对咖啡叶锈病的抵抗力正在不断下降，研究人员现已着手研发新型的阿拉布斯塔品种。

咖啡浆果病

染病咖啡果表面会出现黑褐色圆形斑点。该病于 1920 年在非洲的肯尼亚西部地区首次出现，是一种会严重损坏咖啡树的果实和根部的病害。它由一种传染性极强的病菌——咖啡刺盘孢引起，会在潮湿、雾气和低温条件下扩散。肯尼亚等国家已开发出像卡蒂姆系的鲁依鲁 11 这种对咖啡浆果病具有抗性的品种，但为了追求更优质的特性，2010 年，肯尼亚的咖啡研究所（CRI）培育出了巴蒂安品种，该品种同时具有咖啡叶锈病和咖啡浆果病的抗病能力，而且风味良好。

咖啡果小蠹

咖啡果小蠹是一种黑色甲虫，成虫体形小于 1.66 毫米，会进入咖啡果内部产卵，幼虫会蚕食咖啡种子。在巴西，它被称为“布罗卡”。咖啡生豆被虫蛀后会出现蛀孔，会被视为虫蛀豆。2013 年爆发的虫害，对夏威夷科纳的咖啡产业造成了毁灭性打击。

㊀ 如果在遮阴树下方的其他树木上发现了病菌，反而证明咖啡树的抗病性强。还有研究表明，海拔越高，杀菌剂的效果就越好，营养充足、状态健康的树木的病菌抑制力更强。

第 14 章　从品种着手挑选咖啡豆——坎尼弗拉种与杂交品种

1　坎尼弗拉种

目前，坎尼弗拉咖啡的产量约占全球咖啡总产量的 40%，与 30 年前笔者创业时相比，增加了 10%。日本进口咖啡的 35%~40% 是坎尼弗拉种。该品种价格低廉，一般用于与阿拉比卡种咖啡拼配增量或制作速溶咖啡等工业产品，是廉价咖啡市场的主体产品。虽然本书主要讲解阿拉比卡种，但坎尼弗拉种也不容忽视，它曾与阿拉比卡种自然杂交形成了蒂姆杂交种这个品种，对阿拉比卡种的后续发展产生了深远影响。

坎尼弗拉咖啡大多通过简单的日晒法精制而成，其品质在近 20 年间一直呈下降趋势。风味类似烧焦的麦茶，缺乏酸味，混浊感、杂味、苦味明显。尽管如此，意大利、法国和西班牙等国家仍在广泛使用该品种制作浓缩咖啡。

虽然消费者的确对价格低廉的坎尼弗拉咖啡有一定的市场需求，但根据市场原理，该品种市场份额的扩大也将拉低咖啡整体风味的平均水平。另一方面，坎尼弗拉种具有可低海拔栽培（耕地面积更大）、产量高的优点，经济性更强，适合作为当地农户的生计，这也是不争的事实。气候变化所引发的产量下降趋势，不仅是阿拉比卡种需面临的问题，

东帝汶的坎尼弗拉种

坎尼弗拉种咖啡豆

也对坎尼弗拉种产生了巨大影响。

笔者认为，今后，人们必须将咖啡的品种、生产量和消费量作为一个整体问题来看待。

感官评价

笔者从不同生产国收集了一些坎尼弗拉咖啡样本，使用味觉检测仪对其进行了风味分析。老挝和越南在海拔 1000 米左右的地区开展栽培试验，生产出一种名为“精品罗布斯塔”的坎尼弗拉咖啡，它也是本次的样本之一。印度尼西亚的水洗法精制咖啡是 WIB，日晒法精制咖啡是 AP1。巴西（该国咖啡总产量的 30% 是坎尼弗拉种，主要供其国内消费）和坦桑尼亚也大量生产坎尼弗拉种咖啡，本次也使用了这两个生产国的样本。如果有机会，大家也可以体验一下坎尼弗拉咖啡的风味。

坎尼弗拉种咖啡的基本风味

其风味就像烧焦的麦茶，味道重、苦味浓，与阿拉比卡咖啡存在本质区别。从味觉检测值也可得知，与精品罗布斯塔相比，传统坎尼弗拉咖啡完全不含酸味。

各生产国的坎尼弗拉种咖啡（生产年份：2018—2019年）

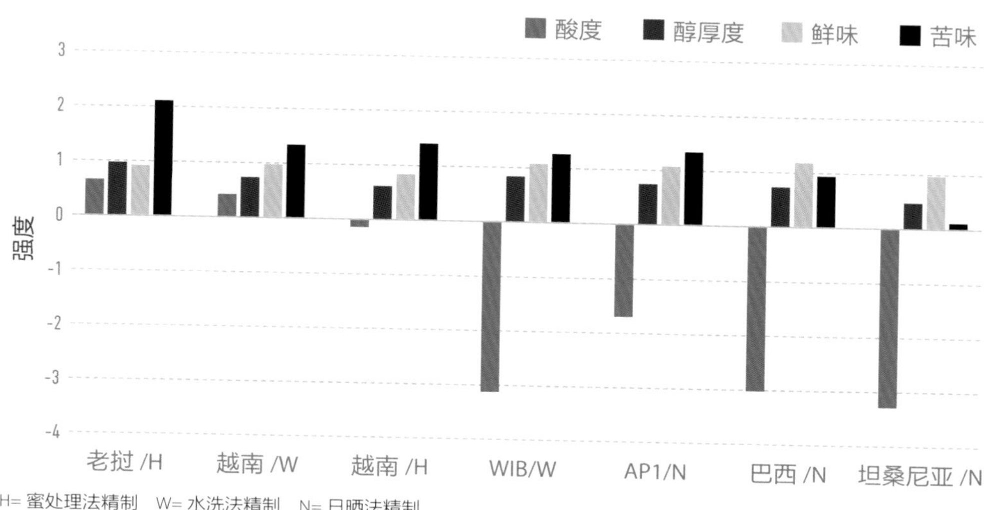

H= 蜜处理法精制 W= 水洗法精制 N= 日晒法精制

2 利比里卡种

利比里卡虽与阿拉比卡、坎尼弗拉并称为“三大咖啡品种”，但该品种的流通量极少，几乎很难有机会品尝其风味。利比里卡种原产于利比里亚、乌干达和安哥拉，19 世纪末被引入印度尼西亚，作为因咖啡叶锈病灭绝的阿拉比卡种的替代作物。目前，全球大部分的利比里卡种均分布在菲律宾和马来西亚，主要用于满足旅游观光需要。利比里卡种能适应低海拔热带地区的高温多湿环境，树高最高可达 9 米，叶片和果实都较大。

巴拉科咖啡是菲律宾生产的一种利比里卡咖啡，主要在当地销售，一般不出口。其特点是咖啡因含量低，平均浓度为 1.23 克 /100 克，低于阿拉比卡咖啡（平均浓度 1.61 克 /100 克）和坎尼弗拉咖啡（平均浓度 2.26 克 /100 克）。

夏威夷科纳的格林威尔农场的生产者曾做过将铁皮卡种嫁接[一]到利比里卡种上的栽培试验。笔者也亲自尝试了一下，操作非常烦琐。

利比里卡种咖啡的基本风味

该品种咖啡口感平淡，酸味微弱，带有一丝烧焦麦茶的气味，风味缺乏个性。有些咖啡豆口感较为绵密，淡淡的余韵好似化学药品的气味。

欧基尼奥伊德斯种

该咖啡属由 120 多个种组成。阿拉比卡咖啡、坎尼弗拉咖啡和利比里卡咖啡是为人熟知的栽培种。很少有人知道阿拉比卡种的亲本——欧基尼奥伊德斯种。该品种原产于东非高原，咖啡因含量约为阿拉比卡种的一半，苦味较轻。欧基尼奥伊德斯咖啡从未在市面上流通过。目前仅有哥伦比亚的庄园在栽培这个品种。在 2021 年的世界咖啡师大赛中，一些参赛选手使用了这个品种制作咖啡。

[一] 在砧木（利比里卡种）上切开一道口子，插入铁皮卡种的接穗，使两者的切面紧密贴合。这样便可获得抗虫害特性的铁皮卡品种。

3 蒂姆杂交种

阿拉比卡种是自花授粉植物，只需培育一株幼苗就能收获果实，并繁衍下去。相反，坎尼弗拉种无法自花授粉。这两者原本不会发生自然杂交，但在1920年，研究人员在东帝汶发现了阿拉比卡种和坎尼弗拉种的自然杂交种，将其命名为“蒂姆杂交种”。

该品种的发现，使其他阿拉比卡系品种的杂交也成为可能，从而诞生了具有咖啡叶锈病抗性的卡蒂姆和萨奇姆等杂交品种。这些品种凭借自身优秀的特性，被众多产地广泛栽培。

蒂姆杂交种虽被归类为阿拉比卡种，但一般不在国际市场上流通，因此笔者直接从东帝汶订购了这种咖啡，并对其进行了品鉴，发现其风味更接近于阿拉比卡种的风味。

东帝汶

蒂姆杂交种的咖啡豆

4 卡蒂姆品种

卡蒂姆品种咖啡豆

阿拉比卡种遗传差异小，生存能力弱，易感染咖啡叶锈病等疾病。一旦爆发咖啡叶锈病或虫害，阿拉比卡种可能会就此灭绝。为了提升其抗病能力，1959 年，葡萄牙研究所研发出了卡蒂姆品种，它由蒂姆杂交种和卡杜拉品种杂交培育而成，具有高产、抗病、可高密度栽培的优点。

卡蒂姆品种发展迅速，在印度尼西亚、中国、印度、菲律宾、老挝等亚洲国家及哥斯达黎加等中美洲国家均可见栽培。

在亚洲地区生产的卡蒂姆品种具有风味偏重、略带混浊感的特点，可依靠感官辨别该品种。如笔者可以分辨出苏门答腊曼特宁的铁皮卡和卡蒂姆系阿腾，以及云南的铁皮卡和卡蒂姆这两组铁皮卡和卡蒂姆的风味差异。

卡蒂姆种只要经过精心加工制作——采收成熟的咖啡果并仔细干燥——也有可能产生明晰的酸味和醇厚感。印度中央咖啡研究所（CCRI）将蒂姆杂交种与各种阿拉比卡种杂交，研发了 13 种供商业生产的卡蒂姆品种，其中一种名为“Selection9”的品种已经在 2022 年印度的咖啡互联网拍卖会上亮相了。1978 年，哥斯达黎加的热带农业研究高等教育中心从巴西的维索萨联邦大学收到了一个名为“T8667”的卡蒂姆品种，并向中美洲多个国家提供了该品种的种子。随后，热带农业研究高等教育中心对 T8667 作了进一步选育，培育出了“哥斯达黎加 95”品种。洪都拉斯咖啡研究所（IHCAFE）利用其培育出了伦皮拉品种。萨尔瓦多咖啡研究所（ISIC）则培育出了坎特斯客品种。哥伦比亚培育出的是一个名为“卡斯蒂略”的品种。

亚洲生产的咖啡多为卡蒂姆品种，大家可以尽情品尝。

感官评价

本次选用了亚洲各国生产的卡蒂姆咖啡作为样本，并以缅甸生产的 SL 品种咖啡作为比较的参照对象，对所有品种进行味觉检测，结果如下图所示。与 SL 相比，卡蒂姆整体酸度较弱。

尽管如此，笔者仍可以从干燥良好的卡蒂姆咖啡豆中感受到饱满的酸味。只是，这种酸味更接近于醋酸，而非柠檬酸。

亚洲各国生产的卡蒂姆品种咖啡（生产年份：2019—2020年）

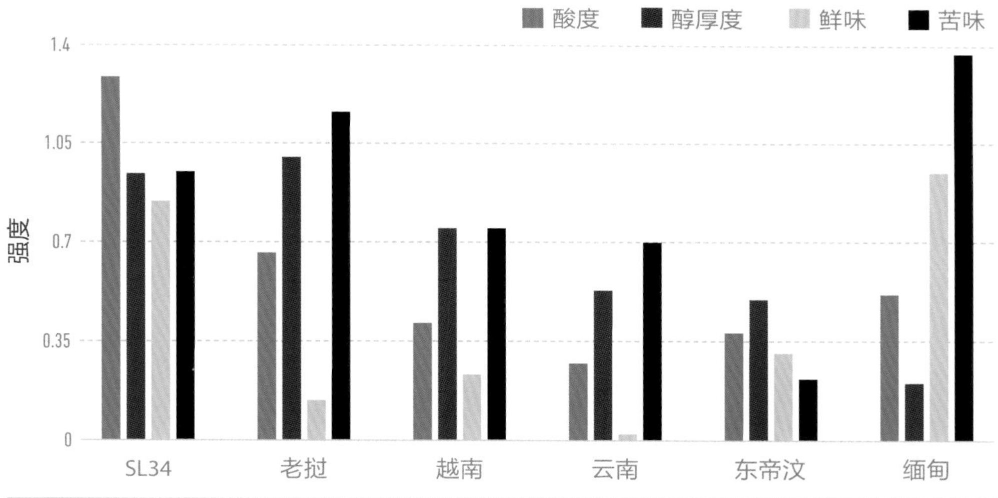

笔者对这次的样本进行 SCA 感官评价，SL 品种获评 83 分，其他品种则均低于 80 分。感官评价分数和味觉检测值之间存在高度相关性（r=0.9387）。

5 卡斯蒂略品种

卡斯蒂略品种的咖啡豆

卡斯蒂略品种是哥伦比亚国家咖啡生产者联合会的研究部门——哥伦比亚国家咖啡研究中心继哥伦比亚品种（蒂姆杂交种和卡杜拉的杂交品种）后开发的新品种。该品种于2005年问世，于2009—2014年在哥伦比亚各地推广普及开来。

就卡斯蒂略品种而言，F1（杂交一代：两个不同的近交品系杂交繁殖的第一代后代）树高低且抗咖啡叶锈病，而F2则树高参差不齐。之后经过反复杂交选育，在F5这一代获得了稳定性状。哥伦比亚将卡斯蒂略的40个克隆体，分别栽种在各产区的适宜环境中，如在安蒂奥基亚省栽培Castillo El Rosario品种，在托利马省栽培Castillo La Trinidad品种。

与卡杜拉相比，卡斯蒂略生产率更高，特选级（颗粒大）咖啡豆的数量更多。除此之外，它还同时具有咖啡叶锈病和咖啡浆果病的抗病能力，已成为哥伦比亚的代表品种。

卡斯蒂略品种咖啡的基本风味

哥伦比亚国家咖啡生产者联合会声称，卡杜拉和卡斯蒂略之间不存在风味差异。但笔者发现，在海拔较高的产地（1600米以上），差异就会显现：卡斯蒂略风味稍重，而卡杜拉香气芬芳，具有柑橘水果的明亮酸味。比较后可知，卡杜拉的风味更为纯净。

卡斯蒂略品种的咖啡果

感官评价

本次选取卡斯蒂略品种和卡杜拉品种作为样本，使用味觉检测仪对各样本作了风味分析。样本购自2021年2月举办的哥伦比亚“丰饶之境”咖啡拍卖会，这个拍卖会是在哥伦比亚国家咖啡生产者联合会的支持下举办的，旨在宣传哥伦比亚咖啡品种的多样性。这次拍卖会共有1100个样本参选，最终只有26个样本入围决赛圈，且无品评分数供参考。因此，本次的感官评价是由品鉴研讨会的品鉴师团队（n=20）完成的。

哥伦比亚的卡斯蒂略品种咖啡（生产年份：2020—2021年）

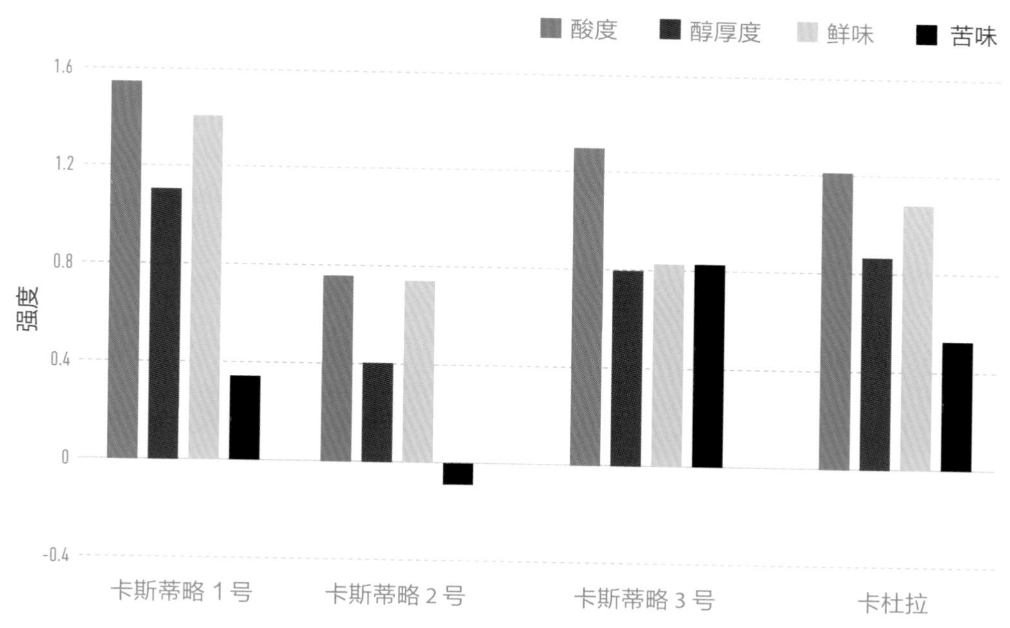

感官评价结果为：卡斯蒂略1号得分83分，卡斯蒂略2号得分79分，卡斯蒂略3号得分80分，卡杜拉得分85分，样本之间存在分差。同时，味觉检测值和SCA感官评价分数之间仅存在微弱相关性（r=0.6604）。

哥伦比亚咖啡经常存在品种混杂问题，购买时应做好品种确认。

第 15 章　从烘焙角度挑选咖啡豆

1　何为烘焙

烘焙是指通过热传导（热量传递），将咖啡生豆的含水量从 11% 降低到 2%~3%，使其达到易于研磨和适宜萃取的状态。本书将整个热传导过程描述为“烘焙”。在这个过程中，咖啡生豆所含的成分会因化学变化而分解或损耗，同时产生新的挥发性或非挥发性物质。由此可知，热传导速度将最终影响咖啡的风味，所以烘焙的过程控制（数据分析等）便显得尤为重要。

此外，烘焙也是一个挖掘咖啡生豆潜在特质的过程。因此对咖啡烘焙师的烘焙能力要求很高。

咖啡生豆在烘焙时，会因蒸发作用失去水分，细胞结构收缩，进一步加热会使其内部膨胀，形成蜂窝状空洞（多孔结构）。在此过程中，咖啡成分也会附着在液泡壁上，二氧化碳气体则被封闭在内。烘焙是使这些液泡中的成分和碳水化合物（纤维素）变得更易溶解于热水的过程。

生豆中所含的蔗糖（6%~8%/100 克）在 150℃左右的烘焙温度下开始焦糖化，随后与氨基酸结合，发生美拉德反应，产生香气成分和美拉德化合物等复杂物质，这些物质也会影响咖啡的醇厚度和苦味。

一般认为，美拉德反应过程中的火力和持续时间会对咖啡风味产生重大影

使用容量为 5 千克的烘焙机烘焙咖啡豆

响。据说，美拉德反应时间越长，醇厚感越重；反应时间越短，酸味越强。不过，想要验证这一观点十分困难。

小型烘焙机的具体实操要由经验丰富的咖啡烘焙师亲自上阵，首先要确定初始温度和咖啡豆投入量，并在烘焙过程中控制温度和排气，同时还要综合考虑爆裂声（二氧化碳气体受热膨胀，造成咖啡豆外皮破裂的声音）、烘焙时间、色泽等多种因素。为了提高烘焙过程的稳定性，人们思考出了将烘焙机与计算机相连，再根据预设程序进行烘焙的方法。从 2010 年左右开始，这一做法变得越来越普遍。

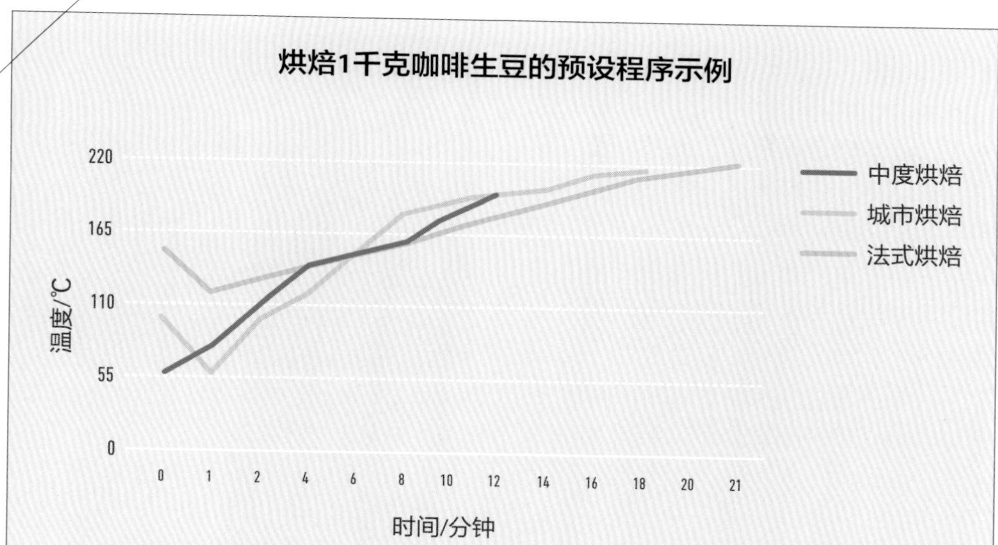

简而言之，烘焙温度*在 150~160℃时，会发生美拉德反应；温度到达 175~180℃时，咖啡豆第一次爆裂（进入中度烘焙阶段）；温度到达 200℃时，咖啡豆第二次爆裂（进入城市烘焙阶段），从此时起，烘焙进入加速期，迅速到达法式烘焙阶段。

从这个角度看，咖啡的烘焙温度要远远高于油炸食物（煎炸天妇罗或猪排）时的 180℃油温。笔者曾经焙炒过可可豆，焙炒温度在 110~130℃，也低于咖啡的烘焙温度。

* 实际烘焙温度取决于所用烘焙机的结构和温度计的位置，上述烘焙温度仅作为参考。“烘焙”一词通常用于咖啡行业，巧克力行业则更多使用“焙炒”。

2 烘焙的稳定性

确认烘焙稳定性的一种简单方法是参考烘焙产生的损耗率。这种方法也能运用于确定烘焙度。以重量损耗率为参考，只需将咖啡豆的烘焙重量损耗控制在一定范围内即可。

另一种方法是用色度计测量咖啡豆的颜色亮度（L 值）。L 值的范围是从 0（表示黑色）到 100（表示白色），L 值越大，表示颜色越明亮。此外，还可以参考成品率（获得的烘焙咖啡豆与投入的咖啡生豆的比例）。

色度计价格昂贵，普遍供大型咖啡烘焙商使用，私人咖啡烘焙店几乎不会使用。

使用容量为 1 千克的烘焙机对 300 克生咖啡豆进行中度烘焙，所得烘焙数据如下表所示。初始温度为160℃，排气档位2.5，烘焙时长为7分46秒至8分钟。由于是少量烘焙，所以未对烘焙机进行精细操作。

1990 年笔者创业时使用的富士皇家牌（容量为 5 千克）烘焙机的改良版

300克咖啡豆烘焙数据［富士皇家牌（容量为1千克）烘焙机/中度烘焙］

产地	烘焙时长	重量损耗率（%）	色度计值	感官评价
肯尼亚	7分46秒	11.6	20.6	杏子酱风味
秘鲁	7分57秒	12.6	21.2	明亮的柑橘酸味
危地马拉	8分	12.8	21.0	橙子、夏橘风味
哥伦比亚	8分	12.8	21.4	李子、青柠和柑橘风味

3　各种烘焙度的咖啡

在日本，消费者可以在市面上买到各种烘焙度的咖啡豆。但在1990年，那时的咖啡市场还是中度烘焙咖啡豆的天下，其市场份额超过90%，深度烘焙咖啡豆主要用于制作冰咖啡。于是，笔者当时就采取了产品差异化策略，在店铺销售中度烘焙（中烘）、城市烘焙（微深烘）和法式烘焙（深烘）3种烘焙度的咖啡，并向顾客力荐深烘系列的咖啡。

目前日本普遍采用8级烘焙度分类标准，其中的浅度烘焙和肉桂烘焙在市面上极为少见。不同咖啡烘焙商的烘焙工艺存在着细微差别，许多商家甚至不按照8级烘焙度分类标准来加工产品。

放眼全球咖啡消费国，各个国家的烘焙度分级方式不尽相同，很少有国家将烘焙等级设置得极为复杂。

过去，美国部分地区也曾使用过8级烘焙度分类标准，但现在已经不再使用。美国历史最悠久的咖啡组织——美国国家咖啡协会曾介绍过按烘焙色值划分的4种烘焙度等级：浅度烘焙、中度烘焙、中深烘焙和深度烘焙。这里的中深烘焙大约相当于8级烘焙度分类标准里的深城市烘焙，而深度烘焙是指咖啡豆表面渗出油分的烘焙度。不同商家使用的烘焙度标准是不一致的。

欧洲的传统烘焙度包括德式烘焙、维也纳烘焙、法式烘焙和意式烘焙。笔者在开店创业前曾对纽约的咖啡粉销售店做过市场调查，看到过很多这种分类形式。目前，欧洲整体的咖啡烘焙度普遍偏浅，相当于日本的中度烘焙度。

各种各样的烘焙机

样本烘焙机（左上图）、5 千克容量的烘焙机（右上图）、排气道（左下图）、后燃机（右下图）

笔者最初的目标是制作美味的深烘咖啡，但基于“多样的烘焙度是诠释咖啡生豆风味的必要条件”这一理念，曾在早年采用了 8 级烘焙度分级标准。如今，笔者已舍弃浅度烘焙、肉桂烘焙和中度烘焙，专注于从深度烘焙到意式烘焙的 5 种烘焙度。

即便使用同一个烘焙度标准，不同咖啡烘焙商、私人咖啡烘焙店的产品之间依然会存在细微差异。笔者将 8 级烘焙度分级标准总结如下。

不同烘焙度的咖啡豆及其特征

在寻找心仪烘焙度的咖啡豆时，可以此为参考。

浅度烘焙

pH：－

L 值 *：－

成品率：－

浅烘，略带谷物气味（麦芽、玉米）

肉桂烘焙

pH：≤4.8

L 值：≥25

成品率：88% ~89%

浅烘，柠檬般的酸味，坚果和香料风味

中度烘焙

pH：4.8~5.0

L 值：22.2

成品率：87% ~88%

从第一次爆裂 * 开始到结束期间的烘焙度，酸味强烈，略显混浊，橙子风味

深度烘焙

pH：5.1~5.3

L 值：20.2

成品率：85% ~87%

中度烘焙结束到第二次爆裂前的烘焙度。酸味清爽，蜂蜜、李子风味

城市烘焙

pH：5.4~5.5

L 值：19.2

成品率：83% ~85%

第二次爆裂开始的烘焙度，深度烘焙的伊始。酸味柔和，香草、焦糖风味

深城市烘焙

pH：5.5~5.6

L 值：18.2

成品率：82% ~83%

第二次爆裂高峰期前后的烘焙度，难以与法式烘焙区分，外观似巧克力

法式烘焙

pH：5.6~5.7

L 值：17.2

成品率：80% ~82%

从第二次爆裂高峰期开始到结束期间的烘焙度，色泽接近黑巧克力，表面浮有油脂，带有苦巧克力风味

意式烘焙

pH：5.8

L 值：16.2

成品率：80%

比法式烘焙更深，附着一层轻微的焦煳味，烘焙过程中的排气不良会导致色泽接近黑色

* L（Light）值：分光色度计 SA4000（日本电色工业制造）的测量值。

* 爆裂：咖啡豆的温度超过 100℃时，其水分就会蒸发并变干燥。随着温度的进一步升高，咖啡豆内部会产生二氧化碳气体，当二氧化碳气体从咖啡豆表面形成的气泡中释放出来时，就会发出类似爆炸的声音，这个过程被称作“爆裂”。

4 确定烘焙度的方法

确定烘焙度的基本方法是对咖啡生豆作烘焙测试，根据品尝出的酸度和醇厚度进行判断。这项技能需要经过大量摸索，积累丰富经验，即使是专业人士也无法轻易掌握。

面对像牙买加铁皮卡这种软咖啡豆，考虑到其纤维质柔软易受热，烤焦的风险较大。通常最深只能烘焙到深度烘焙的程度，而对于像肯尼亚那种硬咖啡豆，则可以烘焙到法式烘焙的程度。我们可以通过了解咖啡生豆的特性对其烘焙度作出一定判断。

选择肯尼亚和苏门答腊的中度烘焙咖啡豆作为样本，使用扫描电子显微镜㊀观察咖啡豆切面，得到如223页的照片。可以看到，随着烘焙的进行，咖啡豆中会形成液泡，组成多孔结构（蜂窝状结构）。在烘焙程度最深的意式烘焙咖啡豆上，甚至可以观察到部分液泡已经破裂，渗出了油分。

将显微镜放大到500倍时能观察到：与苏门答腊咖啡豆相比，肯尼亚咖啡豆更不易形成液泡，或许是豆质较硬所导致的。这也意味着肯尼亚咖啡豆可以经受更深程度的烘焙。

综上可得出结论，只有选对正确的烘焙度，才能激发出各产地咖啡生豆的潜在风味。有些咖啡生豆适合中度烘焙，有些适合深度烘焙，还有一些烘焙至法式烘焙也不失自身风味。总的来说，硬豆比软豆更适合深度烘焙。

㊀ 使用日本电子株式会社 JMC-7000 扫描电子显微镜。

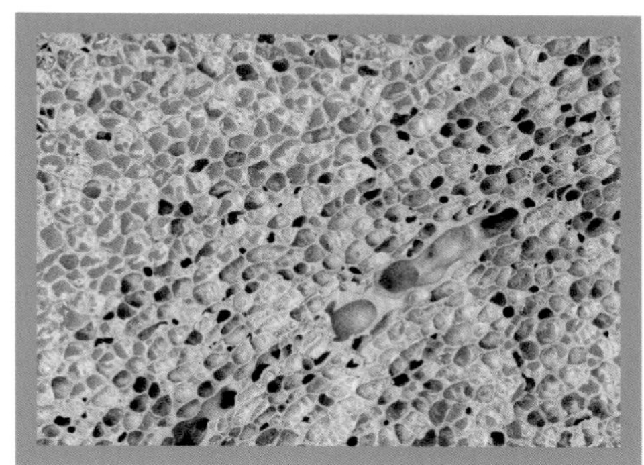
肯尼亚烘焙咖啡豆放大 100 倍

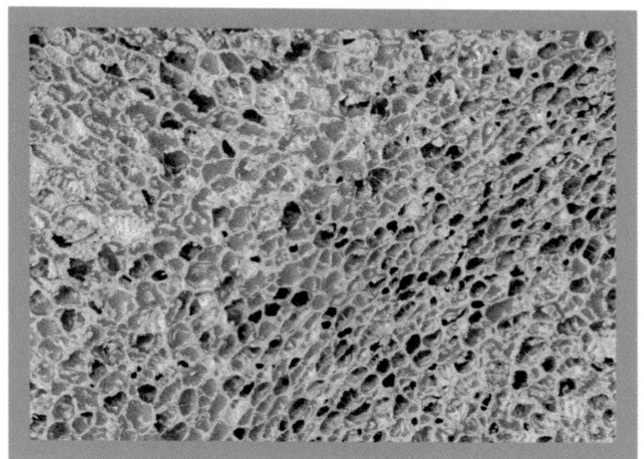
苏门答腊烘焙咖啡豆放大 100 倍

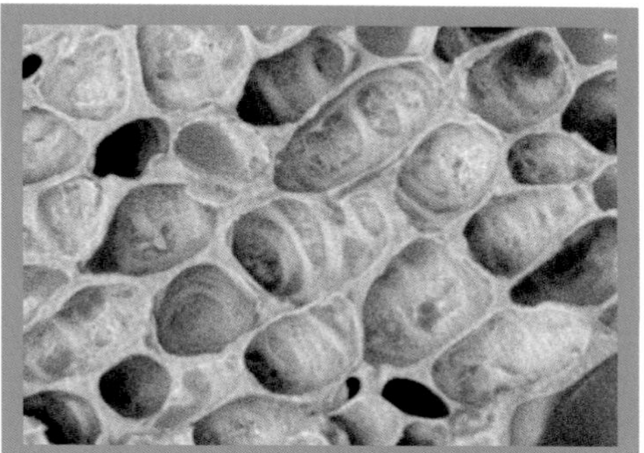
肯尼亚烘焙咖啡豆放大 500 倍

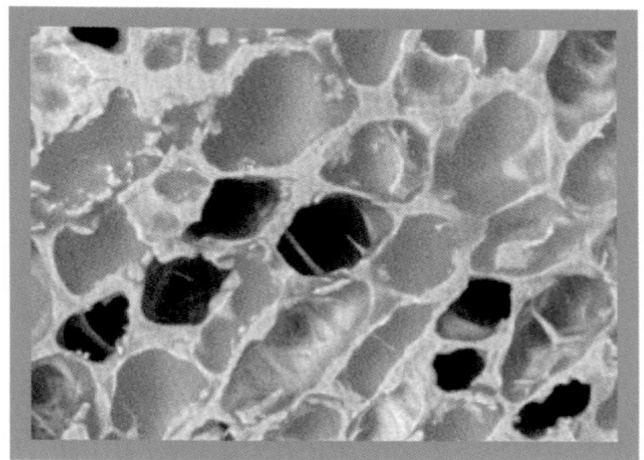
苏门答腊烘焙咖啡豆放大 500 倍

笔者根据外观观察和个人经验，总结出的硬豆判断标准为：①高堆积密度；②经过比重分拣；③新季；④同一纬度下，产地海拔更高；⑤脂质量和酸含量较高。具有这些特性的咖啡豆往往质地紧实，在中度烘焙下难以膨胀，常留下皱纹。即使经过深度烘焙（如城市烘焙和法式烘焙），也不会失去自身风味。

根据笔者经验，具体来说，肯尼亚咖啡豆比坦桑尼亚咖啡豆更适合深度烘焙；哥伦比亚南部的咖啡豆比北部的咖啡豆更适合深度烘焙；危地马拉的安提瓜咖啡豆比阿蒂特兰咖啡豆更适合深度烘焙；哥斯达黎加的塔拉苏咖啡豆比特雷斯里奥斯咖啡豆更适合深度烘焙。请大家烘焙时以此为参考，作出合适的判断。

5 烘焙度对风味的影响

咖啡经过烘焙，会产生多种多样的风味，其酸度、苦味、甜味和醇厚度均受烘焙程度的影响。其中，酸度和苦味的变化较为明显，而甜味和醇厚度的变化则较难掌握。

不同烘焙度所造成的风味差异实例

烘焙度	pH	酸度	苦味	甘味	醇厚度
中度烘焙	5.0	明晰酸味	轻柔苦味	柔和甜味	清爽
城市烘焙	5.3	轻柔酸味	怡人苦味	甘甜余韵	柔滑
法式烘焙	5.6	微弱酸味	饱满苦味	甘甜香气	有质感

感官评价

下图显示了 3 种不同烘焙度咖啡的味觉检测结果。

可以看出，酸度较强的是中度烘焙咖啡，法式烘焙咖啡表现出弱酸和重苦味。所有咖啡的鲜味近乎处于同一水平，而涩味则不然，中度烘焙咖啡的涩味更强。检测结果虽然具有一定的片面性，但依然能够证明烘焙度的确对咖啡风味产生了影响。

不同烘焙度造成的咖啡风味差异

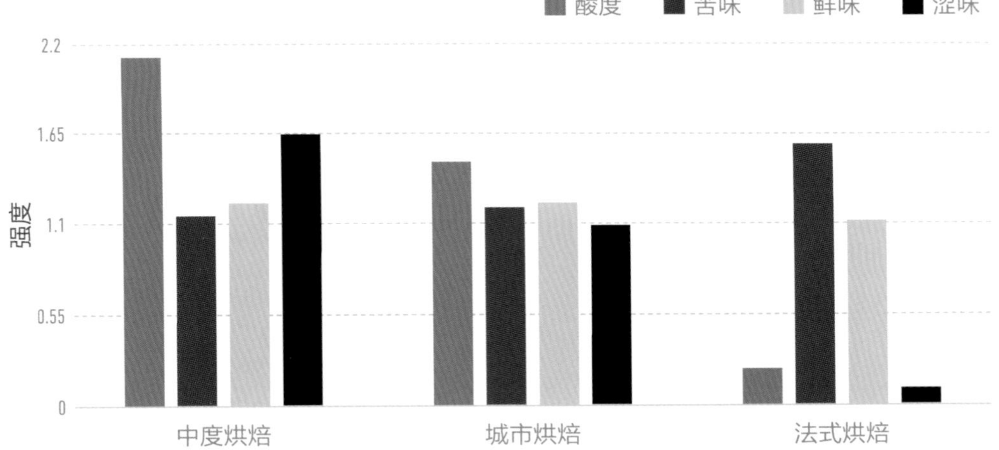

消费者可以自由选择适合个人口味的烘焙度。

笔者个人更偏爱法式烘焙的咖啡豆，不带焦味或烟熏味，在柔和的苦味中透出淡淡的酸味和甜味。在萃取时，笔者会使用大量咖啡粉，制成高浓度的咖啡。

6　烘焙咖啡豆的保存方法

私人咖啡烘焙店出售的通常是现烘咖啡豆。量产烘焙咖啡豆的包装上虽然印有保质期（保质期没有明确标准，由各咖啡烘焙商自行设定），但很少标记烘焙日期。如果在实体店购买，可以当面咨询一下这个信息。

使用热水冲煮咖啡时，咖啡粉会释放出二氧化碳气体，如果看见咖啡粉膨胀起来，则可以判断出咖啡豆的新鲜度较高。需要注意的是，相较于深度烘焙，中度烘焙的咖啡豆水分含量更高，咖啡粉末更不易膨胀。

不论是烘焙咖啡豆还是咖啡粉，都需要冷冻保存。

铝制包装材料的保存性能相对较好，塑料包装材料具有透气性。另外，如今许多保存容器都装有单向排气阀（只允许二氧化碳排出，不允许空气进入），适合包装现烘咖啡豆，但不适合长期常温储存。对于烘焙日期不详的烘焙咖啡豆，不用考虑其包装材料或保质期，购买后应尽快放入冰箱冷冻保存，以防氧化。根据日本工业标准，日本家用冰箱冷冻室的温度设定为 -18℃。在这个温度下，微生物是无法进行繁殖的。在大学实验室，我们烘焙完咖啡豆后，会将其真空封装，再装入冷冻包装，保存在 -30℃的冷冻室中。

新鲜烘焙咖啡豆（烘焙后不超过一星期）的保存方法

1 如果选择常温保存，可将咖啡豆放入瓶、罐中，置于阴凉（避光、避风和避热）的场所保存，3 星期后即可饮用。如果购买的是现烘咖啡豆，可在当天、3 天后、7 天后、14 天后和 21 天后分别饮用，这样就能切身体会咖啡风味的变化，从而了解咖啡风味的演变及最佳饮用时机。建议大家尝试一下这个方法。

2 即使是未开封的现烘咖啡豆，也会在 2~3 个月内风味降级（不同品牌的烘焙产品，其标注的保质期也不相同，有些可能会超过一年）。购买后，应立即将咖啡豆连同包装一起放入冷冻袋，进行冷冻保存。使用时，从冷冻室取出咖啡豆后，立即将其研磨成粉末，用热水冲煮。使用完毕后，将余下咖啡豆再次放入冰箱冷冻保存。烘焙咖啡豆的含水量仅为 2%，不会被冻硬，也无须解冻。

透明保存容器造成的变质

烘焙咖啡豆在常温下存放久了，就会发生酸败（油脂中的脂肪酸在空气中氧化变质，产生难闻气味）。所谓的变味是指烘焙咖啡豆或咖啡粉吸湿后产生令人不适的酸味。将萃取液长时间保温，也会使其变酸，两者是同一个道理。

常温下，将现烘咖啡豆存放入保存容器后，最好在大约 3 星期内饮用完毕。如想长期储存，则需要将其放入冰箱冷冻室保存。

7 单品豆和拼配豆

在笔者创业的1990年，那个时代，绝大多数咖啡馆的菜单上都有“拼配”字样。当时，只有极个别咖啡专卖店除了销售哥伦比亚咖啡、巴西咖啡，甚至还会售卖高档蓝山咖啡。这些咖啡与拼配咖啡形成鲜明对比，被取名为“单品咖啡”。拼配咖啡是咖啡烘焙商根据独自配方制成的产品，顾客在咖啡馆喝到的“咖啡”，其本质是“拼配咖啡”。

进入21世纪之后，以原产地庄园命名的咖啡逐步走向市场。大约从2010年开始，随着生产者与消费者关系的日益密切，可溯源的咖啡开始增多。“单一产地”这一概念被提出，并掀起了一股“单一产地”热潮，甚至出现了唯单一产地论——如果不是单一产地咖啡，那就不是真正的咖啡。且不论这个观点是否正确，不可否认的是，许多风味独特的优质咖啡的确更适合单独饮用。

无论时代如何变迁，过去30余年的咖啡从业经验让笔者相信，一家咖啡商或咖啡店的价值观和主推风味会体现在其拼配咖啡上。因此，在初次购买某品牌或工作室的咖啡产品时，不妨尝试一下其原创的拼配咖啡。

笔者制作过许多单一产地咖啡，同时也制作过许多拼配咖啡。在单一产地咖啡热潮期间，笔者曾在2013年率先梳理并制作出了1~9号拼配咖啡。

拼配咖啡的创作不拘泥于死板概念，而是依赖天马行空的想象力。必须理解单一产地咖啡的风味，才能利用其表达出脑海中的风味形象。笔者认为，最厉害的拼配风味是一致性和复杂性的结合体，这是单一产地咖啡所不具备的。

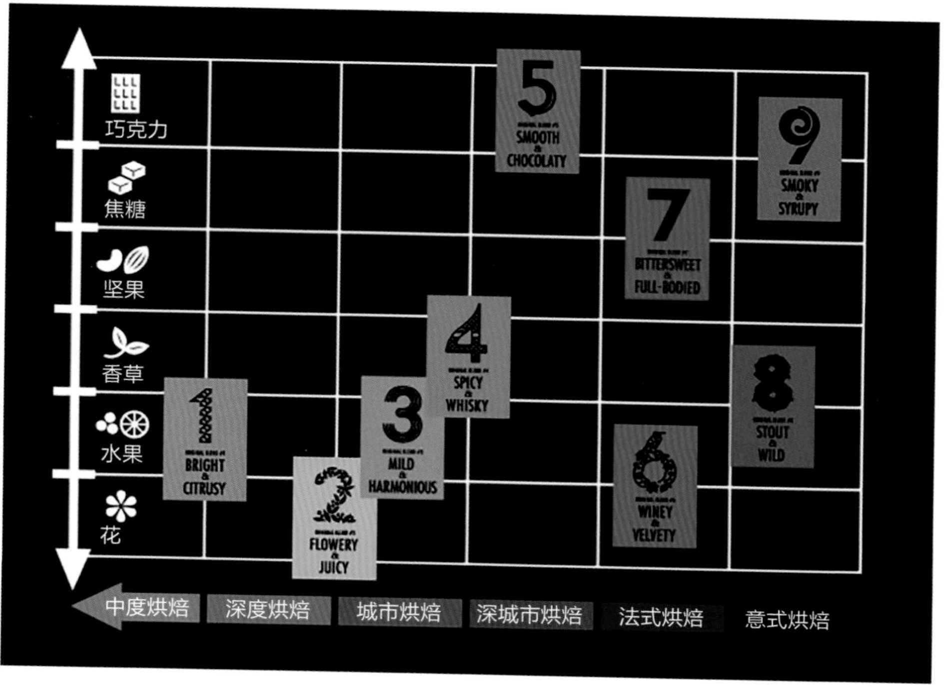

1 明亮与丝滑：轻盈、清爽、活泼的中度到深度烘焙咖啡。
2 果香与甘美：各种水果风味交织在一起的复杂果味咖啡。
3 温和与和谐：混合不同风味，味道温和，余韵绵长。
4 芳香与醇厚：复杂风味的咖啡令人着迷。
5 柔滑与巧克力味：苦味温和，口感香甜顺滑。
6 酒味与轻柔：口感顺滑，余韵让人联想到红酒。
7 回甘微苦与醇厚浓郁："深度烘焙"的经典拼配。
8 深厚与优雅：苦味饱满，口感活泼且醇厚。
9 浓稠与静谧：风味持久，苦中带香气、甘甜、黏稠。

这9种拼配咖啡的特点是：从1号中度烘焙到9号意式烘焙，烘焙程度逐渐加深，并且每种拼配咖啡都是按风味进行梳理排序的。

这些拼配咖啡是笔者利用风味独特的精品咖啡进行拼配组合，探索研发出来的全新风味咖啡产品。为了保持这些风味，每年都需要采购大量单一产地咖啡。而且，由于烘焙量过大，大型烘焙机无法一次性完成烘焙，需分多次操作，着实是一项耗时耗力的工作。

8　如何鉴别烘焙咖啡豆的品质

学会烘焙咖啡豆的鉴别方法后，就能从外观判断其品质。

将袋装烘焙咖啡豆倒入碗中

1／单一烘焙度的咖啡豆整体色泽不均匀，是精制过程中干燥不均匀造成的，这样的咖啡风味会呈现混浊感。

2／与成熟咖啡豆相比，未成熟咖啡豆的蔗糖含量低，颜色较淡，混在其他咖啡豆中会更为显眼突出。其味道有混浊感和涩味。

3／未混入破损豆或虫蛀豆（带有蛀孔）的咖啡豆品质较好。

4／表面的渗油不会影响风味，但如果咖啡豆存放已久，其成分可能已变质，从而影响风味。新鲜的咖啡豆外观呈整洁干净的状态。

萃取时也能判断咖啡豆品质的好坏

新鲜咖啡豆中含有充足的香气成分和二氧化碳气体。咖啡粉的香气（干香）浓郁，在使用滤纸萃取、浇注热水后，咖啡粉会膨胀。

咖啡粉膨胀，是新鲜的象征

第 4 部分
评价咖啡

咖啡风味复杂，种类繁多，要从中作出选择，绝非易事，而学会对所选咖啡的风味作出判断，更是一件有意义的事情。

在本部分中，笔者编写了一份指南，从品味咖啡的角度出发，围绕“何为高品质咖啡？”“何为优质风味？”“何为美味咖啡？”3 个方面，阐述咖啡评价（判断）方法，旨在帮助咖啡从业者和消费者客观辨别咖啡。实际应用起来或许会有些困难，但这一技能非常重要。

万事开头难，随着相关经验的积累，今后自然而然就能理解了。请着眼长远，坚持不懈，不断努力提高自己的技能。

第 16 章　掌握咖啡评价的专业词汇

1　运用语言描述咖啡风味

当人们调动五感去品味咖啡时，这份风味可能会留存在记忆中，也可能就此被淡忘。

回想某种风味时，需要利用“描述语”，要将风味体验转化为语言，以描述语的形式储存在记忆中，再通过它唤起对该风味的印象。描述语必须是具体且客观、便于与他人共享的。

语言是一种重要的交流工具，但这个工具还未被充分运用到咖啡风味的描述与评价上。咖啡语言体系的建立历史尚短，不像红酒语言那般体系化，已形成广泛共识。从这个意义上说，咖啡语言的研究还处于发展阶段。

在描述风味方面存在“风味轮”这一概念，是指将从某种食品中感受到的香味和味道特征进行专业性归类整理，以环形分层排列的轮盘形式呈现出来的工具。

“风味轮”被应用于啤酒、日本酒、味噌、红茶等多种食品领域。

咖啡业界的主流风味轮是 SCA 风味轮。SCA 风味轮虽然制作精良，但由美国制作，具有一定的地域局限性。毕竟风味会受饮食文化影响，不同国家和民族对风味的感官略有差异。我们可以将其作为参考，但从使用体验上来说，该风味轮结构复杂，即使是专业人士也需要一定经验才能理解透彻。

即使是精品咖啡，也未必能找到丰富的描述词语来评价其风味。在 SCA 评价法中，对于 80~84 分这个评分区间的精品咖啡，其风味描述其实是十分困难的。“具有明亮的柑橘果酸，口感温和醇厚，余韵甜美持久。风味纯净，无异味”——能组织出这般描述语句就已经相当优秀了。不过，85 分以上的咖啡就不一样了，这类咖啡风味出众，能明显表现出产地特色及品种特征，风味描述词也自然更丰富，但这种品级的精品咖啡在市面上极为少见。

恰当的风味描述应使用大众化的语言，通俗易懂，初学者要尽快构建属于自己的咖啡风味描述用语集。

在学习初期，无须掌握过多词汇，使用两三个类似于“怡人香气”“花香”“浓郁香气”“强烈酸度”“清爽酸度”“活泼印象”“甜味”“余韵甘

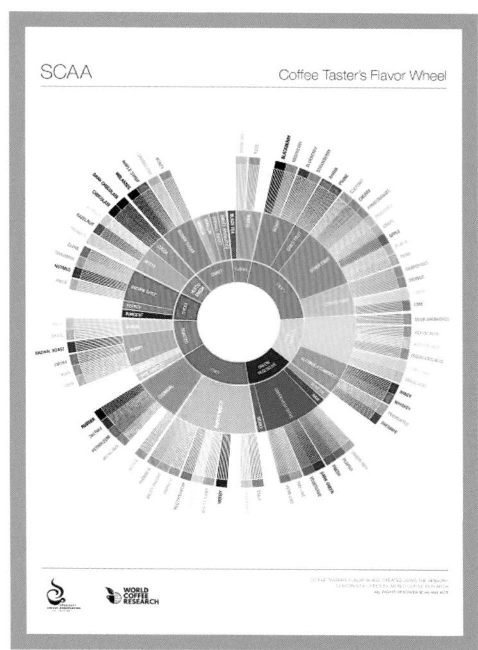

风味轮

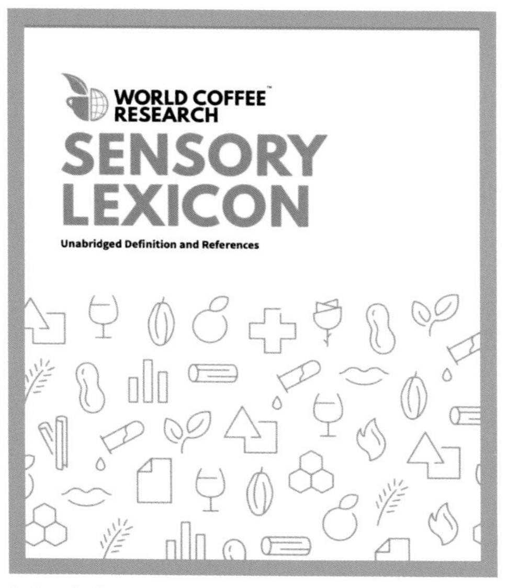

《世界咖啡研究感官词典》

甜”“混浊感”等简单词汇即可。养成留意咖啡风味的习惯，味蕾自然会得到锻炼，词汇量也会随之增加。

SCA 风味轮已经修订，并被应用于感官评价中，笔者从两个方面来阐述其应用难点：一是它基于美国人的味觉感官建立，适用性受限；二是在 SCA 评价达 85 分以上的咖啡中，才能品味到风味轮中的正面风味，而这种咖啡极为罕见。以 SCA 风味轮作参考进行感官评价时，往往会出现夸大其词的描述。

《世界咖啡研究感官词典》是一个非常出色的参考工具，它为每一个术语附上详细定义，并将强度作为重要评价指标，具有划时代意义。但它同样也是建立在美国的饮食文化基础之上，难以在日本或欧洲国家推广应用。

另外，因具有高度的专业性，此工具更适合咖啡研究者或科学家使用，而非普通咖啡从业者。

2 香气的描述用语

香气是通过嗅觉感知的。咖啡的香气分为咖啡粉的香气（干香）和咖啡的香气（湿香），品鉴时需对两者进行综合评价。

香气与味道密不可分，故评价咖啡时也会用到“香味”一词。笔者在下表中列出了在品鉴研讨会上使用过的描述香气的词汇。这些词汇对初学者来说，可能会有一定难度，只需掌握“怡人香气”或“花香”等就足矣。

香气的描述用语

用语	英文	香气	属性
花香	Floral	众多花卉的甜美香气	茉莉
果香	Fruity	成熟水果的香甜气息	众多水果
甜味	Sweet	甘甜的香气	焦糖
蜂蜜	Honey	蜂蜜的甘甜香气	蜂蜜
柑橘	Citrus	柑橘的清爽香气	橙子
植物	Green	青草或树叶的清新香气	树叶、草
泥土	Earthy	泥土的气味	土
香草	Herbal	所有香草的香气	草药
香料	Spicy	香料的刺激性香气	肉桂

3 水果风味的描述用语

有人说："咖啡就是水果"。有些咖啡的确能让人感受到丰富的水果风味。不过，这些风味仅存在于某些特定品种的咖啡中，如瑰夏、帕卡马拉、SL 和埃塞俄比亚咖啡。笔者以肯尼亚咖啡品鉴研讨会上使用过的描述语句为基础，总结梳理出咖啡的水果风味的描述用语，列入下表。

肯尼亚咖啡品鉴研讨会的水果风味描述示例（n=30）

产地	感官评价
基里尼亚加	柠檬、橙子，浓郁且干净
	青柠、橙子、番茄，口感细腻，余韵甘甜
	白葡萄、梅子，干净细腻
尼耶利	李子或蜜瓜般甜美浓郁
	芳香，具有李子、蓝莓和无花果的甜味
	具有樱桃、蓝莓和李子等水果的风味
恩布	葡萄柚、青梅、番茄
	酸味明亮，余韵甘甜
	酸味饱满，醇厚浓郁，具有水果风味
基安布	柠檬、樱桃、番茄
	明晰的酸味轮廓突显醇厚感
	香气浓郁，活泼的果酸与醇厚感达成绝妙的平衡

4 口感的描述用语

口感是指通过刺激口腔内的触觉器官而感知到的流动感。醇厚度是由多种成分在口中汇聚到一起时产生的浓缩感。在本书中，将“口感”和“醇厚度”视为同义词，两者均属于在口腔内感知到的物理特征。

咖啡生豆中的脂质量为12%~18%/100克，该物质是影响醇厚度的重要因素。

此外，悬浮在咖啡中的微量胶体（油膜和沉淀物）虽可增添口感，但效果甚微。醇厚度是一种非常难以形容的感受，在品味咖啡时请记得关注口腔中感知到的黏稠感、顺滑感、复杂感和厚重感。

口感的描述用语示例

用语	英文	风味	属性
奶油般绵密	Creamy	奶油般的口感	脂质量高
浓重	Heavy	风味重	萃取时粉量过多
清淡	Light	风味轻	萃取时粉量不足
顺滑	Smooth	口感顺滑	胶体、脂质量多
厚重	Thick	口感厚重	溶质多
复杂	Complexity	风味复杂	成分多样

5 瑕疵风味的描述用语

瑕疵风味指的是精制过程中的咖啡生豆污染、储存过程中的成分变化、烘焙过程中的操作失误等因素引发的一种令人不适的负面风味。瑕疵风味多见于商业咖啡，但也可能因日晒不到位、储存或烘焙不当而出现在某些精品咖啡中，如咖啡生豆在日本海关仓库储存一段时间后所产生的“枯草或稻草”气味。瑕疵风味通常是一种变质气味，很容易辨认。

瑕疵风味

缺陷用语	英文	风味	产生原因
陈化	Aged	酸味和脂质的变质味道	时间变化、脂质劣化
泥土味	Earthy	泥土般的味道	干燥过程中的失误
谷物味	Grain	谷物般的味道	烘焙程度过浅
焦味	Baked	烧焦的味道	烘焙过程中加热速度过快
烟味	Smokey	烟熏味	烘焙时排气不良
发酵味	Fermented	令人不适的酸味	果实过熟、糖分变质
平淡	Flat	变淡的风味	烘焙导致风味成分消失
奎克豆味	Quaker	涩味或异味	未熟豆
橡胶味	Rubbery	橡胶般的臭味	常见于坎尼弗拉种
干枯味	Straw	枯草、稻草的气味	储存时间过长
化学药品味	Chemical	氯气、化学药品的气味	细菌
发霉	Fungus	霉味	真菌（霉菌）
尘土味	Musty	尘土味	产地海拔较低

第 17 章　了解咖啡的评价方法

1　消费者可操作的感官评价

SCA 的品质评价包含咖啡生豆鉴定和感官评价两方面，它是一种非常优秀的评价方法，为精品咖啡的发展作出了卓越贡献。这种方法本是专为咖啡行业的专业人士（如进口商和咖啡烘焙商等）设计的，并非所有咖啡从业者都会使用。不过，早在 2005 年，笔者就已在自己举办的咖啡品鉴研会上，向普通大众科普推广 SCA 的感官评价表了。

需要说明的是，SCA 评价法是针对水洗法精制咖啡设计的（在当时，优质的日晒法精制咖啡尚为少见）。因此，该评价法并不适用于 2010 年后出现的优质日晒法精制咖啡（埃塞俄比亚和巴拿马等地生产），这类咖啡的评价标准尚未确立。同时，现有评价标准侧重于品鉴水洗法精制咖啡的活泼酸度，难以用来评价酸度较低的巴西咖啡。

不仅如此，该方法在日常操作时也十分耗时。因此，各国的进出口商和咖啡烘焙商在品鉴时普遍使用的是更为简便的原创感官评价表。

经过近 20 年的使用，笔者心中萌生了一个念头，希望在遵循 SCA 感官评价体系理念的基础上，创造出一种可供普通消费者使用的新型简易感官评价方法。

2 堀口咖啡研究所的新型感官评价方法

目前，这个新型感官评价方法仍在通过品鉴研讨会的实验，不断提高准确性。今后，笔者将持续听取各相关方的反馈意见，不断完善优化该方法。

①遵循 SCA 感官评价体系的基本思想，遵照 SCA 协议进行操作。

②将感官评价表简化为香气（Aroma）、酸度（Acidity）、醇厚度（Body）、干净度（Clean）、甜度（Sweetness）5 项条目，满分设为 50 分。专为日晒法精制咖啡设计了评价条目——“发酵味”（Fermentation），评价时将“甜度”改为“发酵味”即可。

③以 pH（酸碱值）和滴定酸度（总酸量）作为酸度的评价参考值；以脂质量作为醇厚度的评价参考值；以蔗糖量作为甜度的评价参考值；以酸值（脂质的变质情况）作为干净度的评价参考值；发酵味则仅评价有无。

样本	香气	酸度	醇厚度	干净度	甜度	总计	感官评价

这种方法具有以下特点:

①量化传统感官评价，将理化指标纳入评价参考。

②目前，不强制要求评价者完成所有条目评价，可随自身经验的增加，逐步扩大可评价范围。

③最终目标是创造出一个具有普适性的咖啡评价体系，不论品级、烘焙度、萃取方式，可适用于任何类型的咖啡。为了方便，笔者将这种新型感官评价方法命名为“十分评价法”。

十分评价法中评价条目和理化指标的关系

评价条目	评价着眼点	精品咖啡的理化指标数值范围	风味描述
香气	香气的强弱和性质	香气成分800	花香
酸度	酸味的强弱和性质	pH4.75~5.1，总酸量5.99~8.47毫升 /100克	清爽，柑橘果酸，活泼果酸
醇厚度	醇厚度的强弱和性质	脂质量14.9~18.4克 / 100克	顺滑、复杂、厚重，奶油般绵密
干净度	咖啡的清透程度	酸值1.61~4.42（脂质氧化），无瑕疵豆混入	无混浊感，干净、清透
甜度	甜味的强度	咖啡生豆的蔗糖量6.83~7.77克 /100克	蜂蜜、蔗糖，余韵甘甜
发酵味	有无发酵味	过熟、具有发酵味	无发酵味、微弱果肉发酵味、酒精气味

评分标准

	9~10	7~8	5~6	3~4	1~2
香气	香气绝佳	香气怡人	略带香气	香气微弱	无香气
酸度	酸味强烈	酸味怡人	略带酸味	酸味微弱	无酸味
醇厚度	醇厚感强烈	具有醇厚感	略有醇厚感	醇厚感微弱	无醇厚感
干净度	风味极为纯净	风味纯净	风味略纯净	风味略带混浊感	风味充满混浊感
甜度	甜味浓郁	具有甜味	略有甜味	甜味微弱	无甜味

3 SCA 评价法与十分评价法的换算关系

历经近 20 年的运作，SCA 评价法已具备一定公信力。因此，笔者将十分评价法与 SCA 评价法进行了关联设计。收集 2020—2022 年期间的互联网咖啡拍卖样本，在品鉴研讨会上运用十分评价法对样本进行感官评价，验证感官评价分数与拍卖会品评分数之间的相关性，最终从多数样本中确认了两者之间存在正相关性（r=0.7）。

SCA 评价法*和新型十分评价法的评价标准

十分评价法	SCA 评价法	感官评价标准
48~50	≥95	现阶段的顶级风味，或过去10年的杰出风味
45~47	90~94	各产地或品种的超级个性风味
40~44	85~89	各产地的独特鲜明风味
35~39	80~84	风味优于商业咖啡，占全体精品咖啡的90% 以上
30~34	75~79	缺点相对较少，但风味也相应平庸
25~29	70~74	特征不太明显，伴有混浊感
20~25	<70	酸味和醇厚感均较弱，能感受到瑕疵豆带来的混浊感
<20	<50	异味、瑕疵风味强烈

* SCA 评价法没有明确的评分标准，以上标准是笔者根据过去 20 年的操作经验所设计。这些指标均基于咖啡生豆到达海关后两个月以内的分析结果制成。

SCA 评价法与十分评价法的相关性——以卢旺达咖啡为例
（生产年份：2021—2022 年）

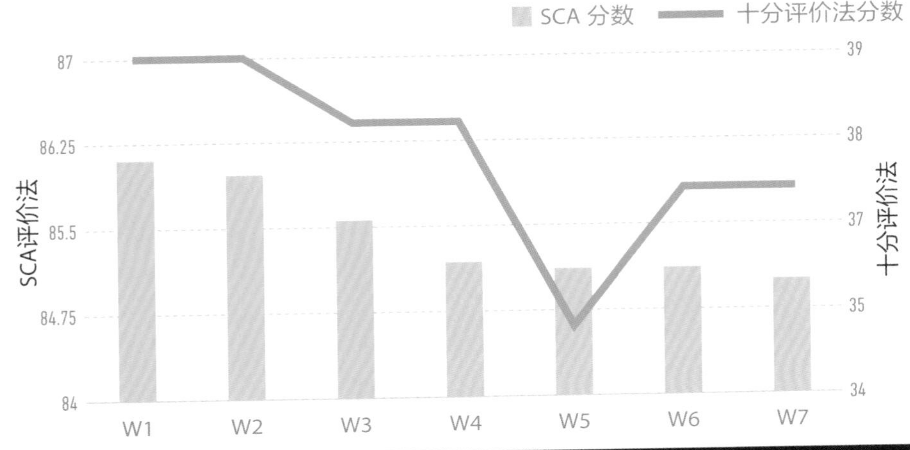

本次的样本均为水洗（W）法精制咖啡，购自 2021 年 10 月 11 日举办的“品味卢旺达”拍卖会。SCA 分数取自拍卖会的品评分数，十分评价法分数是参加品鉴研讨会的 16 名品鉴师所评出的分数（n=16）。两者间存在较高相关性（r=0.7821）。

使用 TheRoast 烘焙机烘焙样本

卢旺达的咖啡水洗处理站（上图、下图）

4 十分评价法与理化指标的相关性

本次使用的样本来自2021年危地马拉全国咖啡协会举办的“独一无二”㊀拍卖会。对样本进行理化指标分析、味觉检测，并运用十分评价法进行感官评价。分析结果如下表所示（不含味觉检测结果）。

除了酸值以外，其他理化指标数值、味觉检测值都分别与感官评价分数存在较强的相关性。由此可认为理化指标数值和味觉检测值能够反映感官评价分数的高低，足以作为十分评价法的辅助参考。

危地马拉咖啡（生产年份：2021—2022年）

品种	pH	滴定酸度（毫升/100克）	脂质量（克/100克）	十分评价法分数
瑰夏	4.83	8.61	16.16	43
帕卡马拉	4.83	9.19	16.30	45
铁皮卡	4.94	7.69	16.45	41
波旁	4.94	8.03	15.22	39
卡杜拉	4.96	7.54	15.49	38

十分评价法分数取自品鉴研讨会参与者评分的平均值（n=16），该分数分别与理化指标数值、味觉检测值呈高度相关，因此可视其评价结果为有效。

㊀ 危地马拉全国咖啡协会的咖啡生产者共提供了208种样本，笔者选取了经国内外评委审查，SCA评价达到86分以上的咖啡作为样本。

5 十分评价法与味觉检测的相关性

迄今为止，从分析结果来看，味觉检测结果受咖啡的纯度影响，如果检测对象为采用单一方式精制的咖啡，其味觉检测结果就会相对准确，假设感官评价也是客观且准确的，那么两者之间就会存在相关性。

但是，如果检测对象是不同精制咖啡的拼配（如水洗法精制咖啡和日晒法精制咖啡），味觉检测结果很可能会出现异常数值。此外，在评价日晒法精制咖啡时，品鉴师团队成员有时会产生意见分歧，对感官评价结果造成一定影响。

本次以哥斯达黎加小型处理站生产的 5 种咖啡作为样本。下图显示了十分评价法分数和味觉检测值之间的相关性，相关系数 r=0.8510，表明味觉检测值可以佐证感官评价结果。

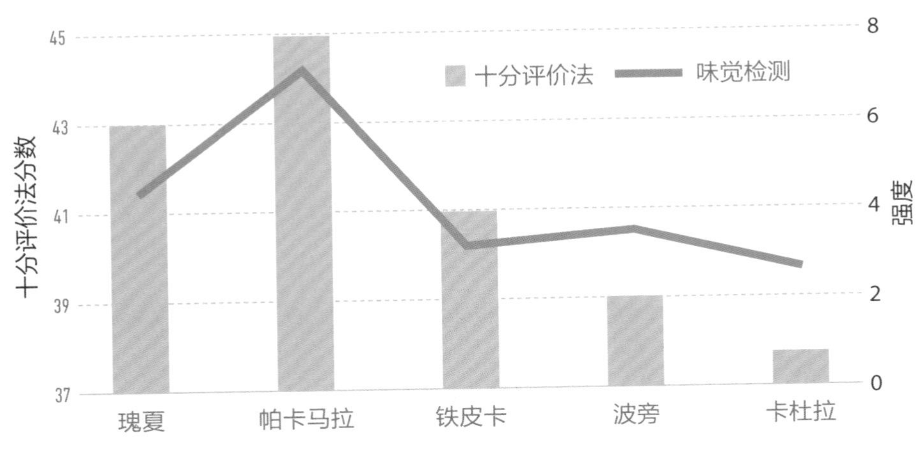

6　咖啡的评价标准和风味描述

1／香气

咖啡的香气是多种香气的复合体，难以用一个词来形容，诸如“怡人香气”“花香”“果香”等表达方式就足矣。

2／酸度

评价酸度时要问自己两个问题：一是酸味是否很强？二是属于哪种酸味？同纬度的高海拔地区由于昼夜温差较大，咖啡果更容易生成酸味物质。精品咖啡的酸度较高，有时会带有柑橘果酸（柠檬酸）。品质更优的精品咖啡甚至能表现出多种果酸味。针对这些酸味，“酸度清爽”“酸度饱满”“酸度怡人”“橙子般的酸甜味”等描述就够用了。如果能分辨出更细微的酸度差异，就在脑海中想象一下水果的味道吧。埃塞俄比亚 G-1 品级的咖啡带有蓝莓、柠檬风味；活泼的帕卡马拉咖啡是树莓果酱风味；巴拿马瑰夏咖啡具有菠萝和桃子的风味。面对肯尼亚 SL 这种具有多种水果风味的咖啡时，也不必强迫自己去深究，学会使用“感受到活泼酸味”“感受到水果酸味”等描述就足够了。

3／醇厚度

当咖啡接触口腔上颚时，末梢神经所产生的触觉（如顺滑感）就是醇厚度。咖啡里的固体物质很容易被末梢神经感知为黏度。

苏门答腊岛的原生曼特宁咖啡具有天鹅绒般的醇厚感，而夏威夷科纳的铁皮卡咖啡具有轻盈丝滑的醇厚度，只要两者的质感足够好，即可予以高评价。喝下咖啡时，请从“丝滑感”“复杂感”“厚重感”3 方面来感受醇厚度。优质的也门咖啡能给人带来“巧克力般丝滑”的感受。这种感觉也可以描述为“比起牛奶更像鲜奶油，比起水更像橄榄油”。

4／干净度

干净度是指咖啡入口那一刻给人的清透印象，可以认为是一种纯净、无杂质的味觉感受。如果咖啡豆中含有太多瑕疵豆，萃取液就会呈现出混浊感。高海拔产区咖啡豆、高密度咖啡豆，其萃取液往往干净度较高。另外，咖啡生豆的酸值（脂质的氧化和变质）越低，风味越干净。

正面评价的描述是“风味纯净”“十分清透”“风味干净”。负面评价的描述是“混浊感”“粉末感”“尘土感”。

5 ╱ 甜度

甜度受咖啡生豆中的蔗糖含量影响。烘焙后，蔗糖减少了 98.6%，取而代之的是香甜的气味成分，也能使口腔产生甜味感受。遇到能同时让人在口腔中和余韵中感受到甜味的咖啡，便可予以高评价。甜度可以是怡人的、蜂蜜味的、枫糖浆味的、甜橙味的、砂糖味的、黑糖味的、巧克力味的、桃子味的、香草味的、焦糖味的……

6 ╱ 发酵味

在咖啡的精制过程中，要注重抑制发酵。就水洗法而言，要在采收后尽快去除咖啡果的果肉，并在适当时间内完成对咖啡果胶的发酵处理。就日晒法而言，采取避免阳光直射、翻耙和低温干燥等措施，会有助于抑制发酵。传统的低档日晒咖啡往往带有发酵味。

对于无发酵味或发酵味较淡的咖啡，可使用“红酒味”“水果味”来描述，并予以高评价。而对于带有“乙醚”“酒精”或“发酵果肉”等发酵味的咖啡，应给予低评价。

第 18 章　对选中的咖啡实施感官评价

1　了解 6 种咖啡

咖啡按风味大致可分为 6 大类——水洗精品咖啡、日晒精品咖啡、水洗商业咖啡、日晒商业咖啡、巴西咖啡和坎尼弗拉咖啡。在深入学习之前，首先应了解 6 种咖啡之间的差异，这是掌握咖啡风味的基础。

笔者为品鉴研讨会的初级入门班设计了 6 种咖啡的感官评价。这个课程对初学者来说虽然颇有难度，却不失为学习品味咖啡的一条入门途径。

下图显示了 5 种不同咖啡（不包括日晒商业咖啡）的味觉检测结果。品鉴研讨会得出的感官评价分数与味觉检测值之间存在强相关性（r=0.9398）。

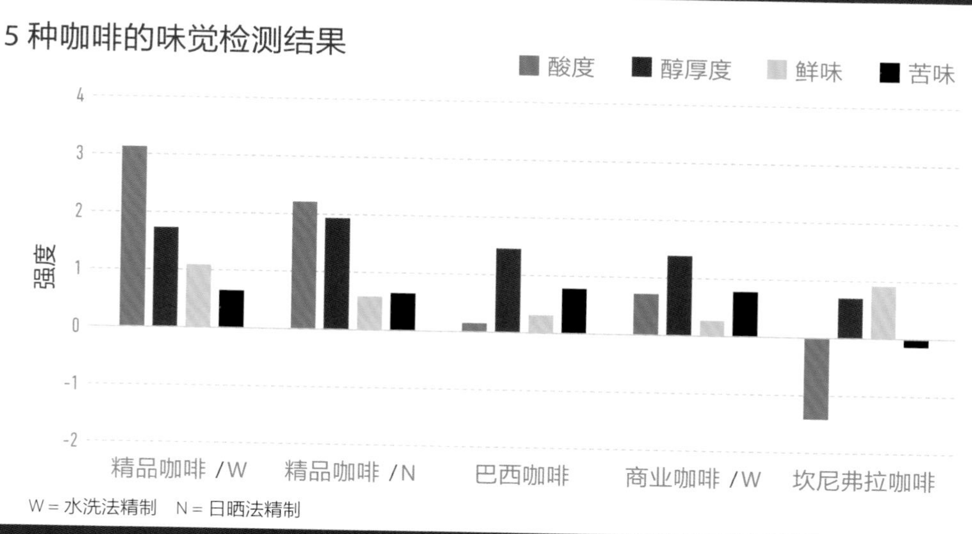

两种精品咖啡均是 SCA 评价达到 85 分的优质咖啡。巴西咖啡和水洗商业咖啡评分均在 75 分左右。巴西也有精品咖啡，请不要对巴西咖啡产生品质差的刻板印象。

6 种咖啡的特征

精品咖啡 / 水洗

附有详细的生产履历，除生产国外，还会标明产区、庄园、品种和精制方法，如危地马拉 / 安提瓜地区 / XX 庄园 / 水洗波旁。这类咖啡的价格略高，但香气、酸度和醇厚度较商业咖啡更好。

商业咖啡 / 水洗

其生产履历大多只显示生产国和出口品级，如哥伦比亚 / Supremo、危地马拉 / SHB 等。因此，我们无从得知其生产地区和品种。其咖啡风味特征较弱，可能带有混浊感。

精品咖啡 / 日晒

附有详细的生产履历，除生产国外，还会标明产区、庄园（小农户）、品种和精制方法，如巴拿马博克特地区 /XX 庄园 / 瑰夏。其咖啡往往风味干净，带有果味，发酵味较少。

商业咖啡 / 日晒

生产履历主要包括生产国名称和出口品级。埃塞俄比亚（G-4）之类的咖啡均属于这一类。其咖啡伴有混浊感和发酵味。

巴西 / 精品咖啡、商业咖啡

精品咖啡的生产履历会使用类似“塞拉多地区 / XX 庄园 / 蒙多诺沃”的描述。其咖啡往往风味略带酸味，混浊感较少。商业咖啡会标明出口品级，如“巴西 No.2”等。其咖啡风味酸度较弱，略带泥土味，具有混浊感。

坎尼弗拉咖啡

主要用于制作速溶咖啡和工业咖啡制品，也多用于与阿拉比卡咖啡拼配，制成廉价的普通咖啡。其风味是一种浓郁、厚重、似麦茶的焦味，无酸味。

2　感官评价实践

在 2022 年 4 月的品鉴研讨会上，笔者选取了苏门答腊林东地区的 4 种曼特宁咖啡（于 2022 年 3 月运抵海关港口并作为精品咖啡上市）、4 种坦桑尼亚北部庄园的新季咖啡作为样本，对其进行感官评价。

曼特宁咖啡和坦桑尼亚咖啡的味觉检测结果（生产年份：2021—2022 年）（n=16）

样本	香气	酸度	醇厚度	干净度	甜度	总分	感官评价
曼特宁1号	8.0	8.0	8.0	8.0	8.0	40.0	酸度和醇厚感符合苏门答腊咖啡特征
曼特宁2号	8.0	8.0	7.0	8.0	7.0	38.0	具有林东曼特宁咖啡的特色风味，醇厚感稍弱
曼特宁3号	8.0	8.0	8.0	8.0	8.0	40.0	散发青草和树木的香气，口感顺滑，略带香草味，是典型的曼特宁咖啡风味
曼特宁4号	7.0	6.0	6.0	6.0	7.0	34.0	酸味少，风味重，混浊感强
坦桑尼亚1号	7.0	6.5	7.0	7.0	7.0	34.5	酸味明亮，烤面包风味，略微混浊
坦桑尼亚2号	8.0	8.0	7.0	8.0	8.0	39.0	花香，味道纯净，余韵甘甜，柑橘果酸
坦桑尼亚3号	7.5	7.5	7.0	7.5	7.5	37.0	带有葡萄柚的酸味
坦桑尼亚4号	7.5	8.0	7.0	8.0	7.5	38.0	花香，酸味干净，属于优质坦桑尼亚咖啡

新型十分评价法中，35 分相当于 SCA 评价法的 80 分，40 分相当于 SCA 评价法的 85 分。

曼特宁咖啡味觉检测结果（生产年份：2021—2022 年）

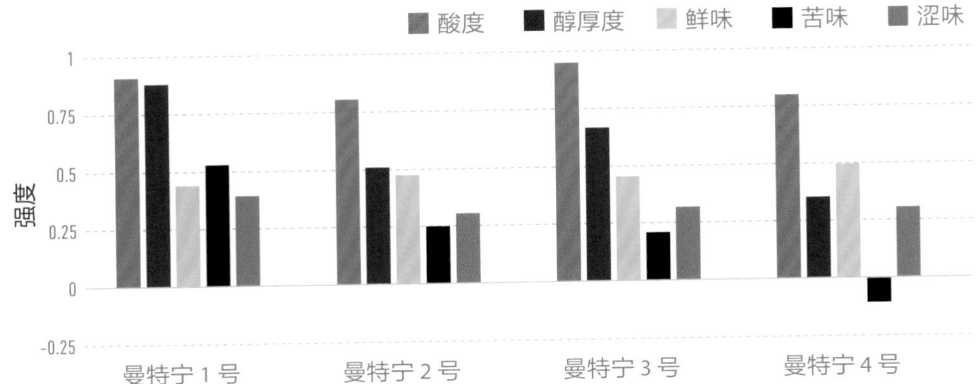

曼特宁 1~3 号的酸度和醇厚度达到良好平衡，故将其评为精品咖啡。三者味觉检测的风味强度规律也相似。但是，曼特宁 4 号的风味较重、混浊感较强，推测它是卡蒂姆系阿腾品种，故给予其较低评分。顶级曼特宁具有热带水果、强烈柠檬酸、青草、柏树和杉树的香气，有些样本甚至可以得到 45 分（相当于 SCA 评价法的 90 分）以上的分数，但本次评价的样本并未达到如此优质的水平。感官评价分数和味觉检测值之间存在正相关性（r=0.9038）。

坦桑尼亚咖啡味觉检测结果（生产年份：2021—2022 年）

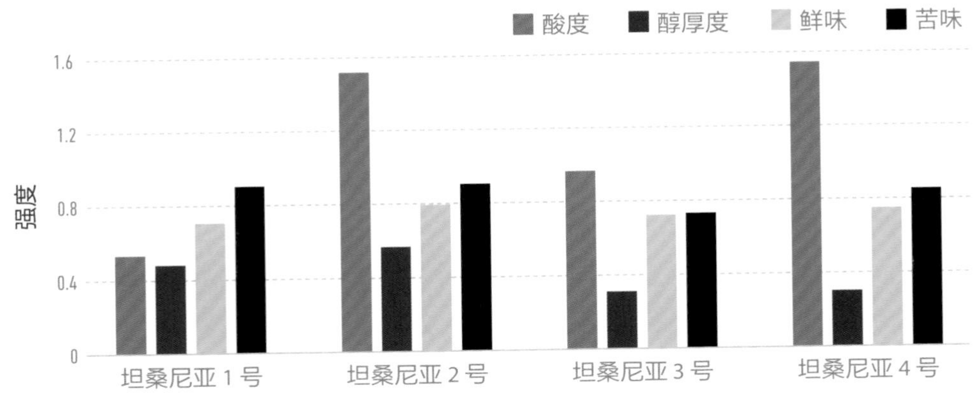

坦桑尼亚咖啡的品质因采收年份而异。这 4 个样本均属于温和型咖啡，既无强烈特色，也无瑕疵风味。坦桑尼亚 2 号、3 号和 4 号虽然具有清爽的柑橘酸味，但并未达到 40 分（相当于 SCA 评价法中的 85 分）。坦桑尼亚 1 号的酸度较低，可见略微的风味降级。感官评价分数和味觉检测值之间呈现较高的正相关性（r=0.9747）。

随着经验的积累，相信大家能逐渐学会辨别不同咖啡之间的风味差异。

3 味觉开发的训练方法

味觉是后天形成的，所以体验与实践很重要。想学会品鉴不同的咖啡，应坚持每日饮用咖啡，这样就会逐渐理解咖啡的风味差异。日常训练时，不讲究萃取方法，按照下述11个步骤开展练习即可。

1／饮用风味出色的咖啡

养成饮用优质精品咖啡的习惯后，你会领略到出众的香味，慢慢积累一定经验后，就能领略到怡人的酸味和纯净感，这些均是商业咖啡无法企及的。虽然精品咖啡价格偏高，但一定要体验一番。

2／养成嗅闻咖啡香气的习惯

最好学会亲自研磨咖啡豆。先闻咖啡粉的干香，再闻萃取液的湿香。只要能感受到香气，应该就是好咖啡。养成这个习惯之后，就渐渐能从感官上分辨出不同的咖啡香气。

3／饮用不同烘焙度的咖啡

不同的咖啡烘焙商和咖啡店的同一烘焙度产品也存在差异。相较于中度烘焙，城市烘焙（微深烘）的咖啡酸度更低，风味表现也不同。饮用咖啡时应留意咖啡豆和咖啡粉的颜色，关注不同烘焙度咖啡的风味差异。

4／比较不同精制法的咖啡风味

在市面上可以买到埃塞俄比亚耶加雪菲的水洗和日晒两种咖啡。分别饮用后会发现，水洗法精制咖啡具有柑橘类水果风味，而日晒法精制咖啡则具有浓郁的水果和红酒风味。

5／比较哥伦比亚咖啡与巴西咖啡

哥伦比亚咖啡是水洗法精制的，从这种精品咖啡中可感受到橙子般清爽的柑橘果酸（pH4.9/ 中度烘焙）。而巴西咖啡的酸度较低（pH5.1/ 中度烘焙），余韵带有土涩感，能明显感受到二者的差异。大家在饮用咖啡时可以有意识地体会一下酸味。

6／饮用不同产地的咖啡

咖啡风味因产地而异。通过品尝各种不同产地的咖啡，来感受风味差异。即便是同一产地的咖啡，也要用心体会不同区域、品种、精制方法等带来的风味差异。此外，如果每年持续饮用同一种咖啡，或许可以识别出不同年份的风味差异。

7／比较商业咖啡与精品咖啡的风味

商业咖啡缺乏强烈的个性风味，故难以辨别出其生产国，精品咖啡则风味独特。两者间的差异很明显。

8／区分新鲜风味和变质风味

咖啡生豆的成分会随时间推移而发生变化。如对于同一种危地马拉咖啡生豆，5 月刚上市时饮用一次，等到翌年 3 月（青黄不接期）时再饮用一次，就能明显察觉到两者风味的不同。如果咖啡豆里的脂质变质了，就会呈现出枯草一般的风味。

9／以铁皮卡风味为标准

品尝一下铁皮卡咖啡吧。该品种咖啡豆豆质柔软，容易变质。即便如此，也无法否认其独特的风味。优质的铁皮卡咖啡酸味清爽，醇厚感适宜，余韵甘甜，是一种清淡的咖啡。品尝到优质铁皮卡咖啡时，请记住它的风味。

10／培养咖啡以外的兴趣

在品尝其他种类的嗜好品，如酒（红酒、清酒、威士忌、烧酒、啤酒）、茶（蒸青绿茶、红茶、中国茶）和巧克力（不同产地和可可含量）时，要有意识地感受其风味，这样也会对品鉴咖啡有所帮助。

11／多吃水果

精品咖啡的风味特征在于果香，因此多吃水果对咖啡品鉴大有裨益。笔者每天都会食用各式各样的水果。

后记

咖啡的风味是多样的，对这些风味的理解不是一蹴而就的，需要丰富的饮用经验，才能学会品鉴，做到恰当评价。在日常生活中，养成嗅闻咖啡香气的习惯，训练饮用咖啡时的感知能力，在咖啡入口的瞬间辨别其风味特征，在这个过程中，逐步开发味蕾的识别力。只要一步一个脚印，品鉴能力自然会得到提升。

咖啡的风味是自由的，它属于嗜好性饮料，只要自己感受到美味就足矣。这个观点没错，不过，本书想表达的，却是“美味具有层次性”和“品质造就美味”这两个观点。笔者从1990年从事这项工作以来，见证了咖啡风味的时代变迁，它正朝着多样化、优质化的方向不断发展，随之诞生的是愈发美味、风味新奇的咖啡饮品。

咖啡的风味是复杂的，仍有许多未知在等待我们去发掘探索。本书是基于笔者的个人见解书写而成，文中可能会存在一些较为主观的观点，望大家给予批评指正，笔者会将补充、修订的内容更新到再版的书籍中。

现在，咖啡的研究正朝着细分化和专业化的方向发展，涉及咖啡的发现、饮用历史、咖啡在日本的传播史（历史）、咖啡与健康（生理学）、农学、基因组学、病虫害（病理学 & 病虫害）、气候变化等多个领域。笔者力争在本书中对咖啡进行一次广泛而全面的概述，但并未深入剖析上述专业领域知识，也未做到对咖啡体系的系统性讲解，实属个人能力有限，恳请谅解。

2023年吉日

堀口俊英

堀口俊英（环境共生学专业　博士）

堀口咖啡研究所 所长

株式会社堀口咖啡 董事长

日本精品咖啡协会 理事

日本咖啡文化学会 常任理事

chiepapa0131@gmail.com

著作

《与美味咖啡一起生活》（PHP 出版，2009），《咖啡的教科书》（新星出版社，2010），*The Study of Coffee*（新星出版社，2020）等。

学术报告、论文

自 2016 年起，在日本食品保存科学会、日本食品科学工学会、食香妆研究会、国际咖啡科学学会等学会上进行过汇报。论文请在谷歌上搜索“堀口俊英 论文”关键词。

堀口咖啡研究所的咖啡品鉴研讨会

研讨会官方网站：https://reserva.be/coffeeseminar

在过去 20 年间，开设“初级萃取”“初级感官评价”“中级感官评价”“咖啡店开店”等各类咖啡研讨会。

咖啡萃取研讨会

咖啡品鉴研讨会